云与大气现象

A FIELD GUIDE TO CLOUD & SKY

编著 张 超 王燕平 王 辰

重庆大学出版社

图书在版编目（CIP）数据

云与大气现象／张超，王燕平，王辰编著．—重庆：重庆大学出版社，2014.8（2024.5重印）

（好奇心书系．自然观察手册系列）

ISBN 978-7-5624-7845-4

Ⅰ．①云… Ⅱ．①张…②王…③王… Ⅲ．①云-普及读物②大气现象-普及读物 Ⅳ．①P426.5-49 ②P427-49

中国版本图书馆CIP数据核字（2013）第276141号

云与大气现象

编著 张 超 王燕平 王 辰

策划：鹿角文化工作室

责任编辑：梁 涛 王晓蓉　　版式设计：田莉娜
责任校对：谢 芳　　责任印制：赵 晟

*

重庆大学出版社出版发行
出版人：陈晓阳
社址：重庆市沙坪坝区大学城西路21号
邮编：401331
电话：(023) 88617190 88617185（中小学）
传真：(023) 88617186 88617166
网址：http://www.cqup.com.cn
邮箱：fxk@cqup.com.cn（营销中心）
全国新华书店经销
重庆金博印务有限公司印刷

*

开本：787mm×1092mm 1/32 印张：7.125 字数：234千
2014年8月第1版 2024年5月第8次印刷
印数：23 001—25 000
ISBN 978-7-5624-7845-4 定价：40.00元

前 言

这是一本怎样的手册？

我们收集云的照片已有10个年头，特别是近两年，很多朋友开始问，能不能推荐一本系统介绍云的书？对此我们只能表示遗憾。什么样的图鉴手册才适合喜欢抬头观云的人们使用呢？我们尽力而为，才做了这样一本用来学习云记录与分类的手册。

本书总体上可以分为十二部分，第一部分到第十部分是介绍“十云属”的分类体系，第十一部分是介绍一些有意思的特殊云，第十二部分是介绍一些与云有关的大气发光现象。

一本图鉴的检索系统至关重要。由于云分类体系在世界各地有所差异，我们主要参考了两种分类体系：一种是国内专业人士采用的，即《中国云图》中的分类体系，该体系为10云属29云类；另一种是观云爱好者经常采用的分类体系，包括10云属26种31亚种（变种）32附属云和从属云，这套分类体系较为复杂，而且有些种类还在增加中，这套分类系统除了积云性层积云、积云性高积云和伪卷云等外，还涵盖了第一套分类系统中的所有种类。因此，我们以第二套系统为单元介绍各种云的特征和识别方法，而对于第一套分类系统中超出的部分，我们也会作出相应介绍。

在第一部分到第十部分的文字中，我们采取基本统一的格式。你将会看到云的名称、它的别名，以及标准的拉丁名和分类地位。在如何识别的部分，我们采用条目来分别阐述云体的高度、主要特征形态，以及产生的原因和伴随的一些现象。倘若通过这些特征尚无法判断，还可以参看该种云和相似种类的区别，其中参考了很多云观测者的经验，当然也有我们自己的经验在里面。在天气一栏中，我们给出一些地方的民谚，以及云对天气的指示作用，但不得不明确一点，任何云对于天气的预报都不会百分之百准确，千万不要完全信任“看云识天气”这种方法。

对每一种云的文字介绍之后，都是我们引以为傲的云照片，我们尽量选择特征明显的漂亮照片。对于一些云可能有专业人士或观云爱好者会产生异议，这是在所难免的。云可谓千变万化，这给云的分类带有一定的主观性，即使对于专业人士，对云的判断也带有很强的经验性。因此用照片作为参考时请尽量注意最为主要的特征，并参考图说，这样才能读懂照片。

第十一部分的结构与前面十部分大体相似。第十二部分是与云相关的大气发光现象。大气发光现象远不止我们列出的这些，但毕竟此书并非一本包罗万象的大气物理图鉴，我们只列出最常见、最和云主题相关的现象，并尽我们所能配上图片。

如果你并不是一位大气科学爱好者，这本书又能怎样呢？此书的3位主要作者在12年前相识，用这12年的时间进行积累拍照，共拍摄了近10万张云的照片，拍摄足迹遍及我国近乎全部省区，几乎只要天空出现云朵，我们就会拿着相机进行记录，只要乘坐飞机，就会选择靠近舷窗的位置拍摄。因此我们才有机会基本收集齐各种云的照片，而且有一些极其珍贵的照片在全世界看来也不多见。这是一本图鉴，也是一本画册，有了它，你就已经收集了一片神奇的天空。

编　者：张超
2012年12月31日 于北京

目录

CONTENTS

云的分类概述

我们要给云起一个名字。

然而这个事情并不简单。云朵不像草木鸟虫，它时时在变，刻刻在变，很难用静态的性状进行描述。这样一来，云的分类也成了一件麻烦事。云的分类有很多种方式，比如按照构成划分，可以分为冰晶云、液滴云等；如果按照形成来划分，可以分成积状云、层状云等。而对于云彩的观察记录，我们通常采用云的国际分类体系，也就是十云属体系。

十云属

十云属体系并不包含所有的云，比如夜光云和贝母云这两类特殊的云就不在十云属范围之内。十云属只是大气层最底层——对流层中的云家族。十云属是按照形成高度和主要形态，将云划分为10个家族。这10个家族分别是：层云、雨层云、层积云、积云、积雨云、高层云、高积云、卷云、卷层云、卷积云。不难看出，这10个家族逃脱不出几个字：积、层、卷、雨、高。所谓“积”，就是块状的，有明确形状的；与之相对的“层”就是一大片，没有明确形状；“卷”比较特殊，是指丝缕的形态；“雨”很好理解，就是厚，可以降水；“高”只是指相对的高度。于是这10个云属的特征也明确了：

层云，一大片；雨层云，又厚又黑下雨的一大片；层积云，块状云连成片；积云，一块块；积雨云，又厚又黑下雨的一大块；高层云，高高一大片；高积云，高高一块块；卷云，丝缕状；卷层云，丝缕一大片；卷积云，丝缕结成块。

虽然有了观察的形态特征，但这并不足以明确云的类型，这就需要借助另一个指标进行分类：高度。根据高度不同，人们把10个云属归纳为云族，究竟有几个云族，国际上并不统一。有人认为是3个云族：低云族、中云族、高云族；有人认为有4个云族，在前面的基础上加上直展云族。于是这十云属就有了不同的划分：带“卷”字的都是高云族；带“高”字的都是中云族；剩下5个之中，积云和积雨云可单分为直展云族，或者5个一起分为低云族。

云的种类

在十云属之下，就是各个种类的云彩。云的名称借鉴了生物学的双命名法，采用两个拉丁词来表示，第一个词就是云属，第二个词就是种加词，用来具体描述性状。比如积云属下分碎、淡、中、浓、破片等，卷云属下分毛、钩、密等，层积云下分堡状、荚状、成层等。这样一来，云的名字有了，比如堡状层积云，就叫作Stratocumulus castellanus。

不过，目前云到底有哪些种，世界上还有不同的分类方式，比如在以前有一种“向晚性层积云”，后来在分类中大多不再采用了。欧美等国家的云彩观测记录，多采用一种较为复杂的分类系统，而在中国的观测记录中，采用另一种系统，两者有不小差异。比如在欧美系统中，卷积云就分为絮状、堡状、荚状和成层4种，而在中国的观测记录中，卷积云只有一种。再比如对于卷云的划分，中国采用的系统中有“伪卷云”，但在欧美系统中则没有，两种系统各有所侧重。为了将两种系统区别开，在本书的正文中，以欧美采用的系统为主，若仅在中国采用的系统中存在，或曾经使用但如今不常用或不采用者，会以“备注”的形式专门标明。

云的亚种

如果只按照云的种类来计算，天空中千变万化的云只有二三十种。为何这么少呢？这是由于云还有很多变化的形态，也就是“亚种”。在中国通用的记录系统中，很少用亚种作为记录和分类，而在云的观赏和记录中，我们推荐在云种类的后面加上亚种，可大大丰富我们看到的“品种”。云的亚种又叫作“云目”，是云种下一级的分类单元，但在本书中，我们不提倡将云一层层划分，而建议将云的不同都看作“种”层面上的差别。

云的亚种有很多，比如波状、透光、漏光、蔽光、网状、羽翎状等，如果看到层积云一条条如同海浪，可以叫作“波状层积云”，如果层积云里面有很多小孔，那就成了“网状层积云”，由此可以看出，“亚种”多描述的是云体内部的特征。

附属云和从属云

如果想进一步描绘云的特征，还需要进行更为细致的分类，这就要用到附属云和从属云。附属云是指云体一部分的特征，比如是否下垂挂幡？是否下垂悬球状？是否顶上出现砧状云？而从属云是指脱离开云体，但从形成上依附于主体云的云，比如积云和积雨云上面出现的幞状云，周围出现的缟状云等。

与亚种的处理方法一样，在本书中，我们也将从属云和附属云当作“种”来处理，称之为“特殊形态”。比如挂着幡状云的高积云，我们就称之为“幡状高积云”。挂着悬球状附属物的积雨云，我们就叫作“悬球状积雨云”。虽然它们和云种并不在一个分类层级上，但这种方式有助于观察记录到云体的特点。

特殊云

作为观云者，谁都希望看到几朵“稀世珍云”。会有吗？应该有的。对于有些形态很特殊的云，我们无法划到云彩的标准分类中，于是我们单独将它们列出。比如山峰上出现如同旌旗招展的“旗云”，山梁上出现的“云瀑”，剧烈变化气流中出现的“马蹄云”，天空中出现如同浪花般的“开尔文—亥姆霍兹波”等。我们也将它们列在书后，这些珍稀的怪云，我们也按照云种来进行介绍。不过在正规的分类中，是找不到它们影子的。

云的分类变化

云的分类会发生变化吗？肯定会的。就在我们拍摄云图片、编写本书的过程中，听到国际上一个观云组织提议在云分类表中增加一类新的云——“糙面云”（暂以拉丁名直译替代，亦有译作“波涛云”）。理由之一是这类云形态特殊，而且无法分在以往的分类系统中。据说这个建议有可能被采纳。这无疑是个振奋人心的事情，说不定哪天，你我也会发现一种云，并且给它一个全新的名字。

十云属详解

正如前文所述，十云属无非是以下几个字的排列组合：积、层、雨、高、卷，它们有非常直观的含义，利用此，我们可以顾名思义，记清楚每一个云属的特征。但在实际辨别中，还要结合很多特征才能判断清楚，特别是在没有参照物的时候更需要结合经验判断。

积 云

名称：积云

拉丁名称：*Cumulus*

所在云族：低云族或直展云族

形态特征：

云体呈团块状，有一定厚度，外轮廓清晰。

云底多平坦，云顶多向上突起。

云底高度低，在2 000 m以下。

云体多为白色，浓厚时呈黑色或灰黑色。

与其他属的区别：

积云出现较多时，易与层积云混淆。层积云有时为积云横向发展而成，区别主要是云体连接成片，不独立存在。

小块的积云容易与高积云混淆。高积云多成群规律出现，而小块积云单独出现，或无规则排布。

浓密的积云易与积雨云混淆，区别在于积雨云顶端已经平坦、呈发状或者蓬松，浓密积云的顶部多为花椰菜形状。另一个区分标准是浓密积云一般没有强烈降水。

包含种：

碎积云、淡积云、中积云、浓积云

包含亚种：

辐辏积云

包含附属云或从属云：

幡状积云、降水线迹积云、弧状积云、管状积云、幞状积云、缟状积云、破片状积云

层积云

名称：层积云

拉丁名称：*Stratocumulus*

所在云族：低云族或直展云族

主要特征：

云体外轮廓清晰，厚大，成大片分布。

云底多平坦，云顶多向上突起。

云底高度低，在2 000 m以下。

云体多为白色，浓厚时呈黑色或灰黑色。

与其他属的区别：

在傍晚出现的层积云，容易与高积云相混淆，此时一般可通过厚度判断，较厚者为层积云，反之为高积云。

浓厚的层积云，容易与层云和高层云相混淆。相比之下，层积云云底较低，而且有清晰的云底轮廓，另两者则没有。

非常厚的层积云，有时也可能与雨层云相混淆。区别在于雨层云有持续连绵降水，且云底较乱，层积云云底均匀，且没有连绵降水。

包含种：

堡状层积云、成层状层积云、荚状层积云、积云性层积云、向晚性层积云

包含亚种：

波状层积云、辐辏状层积云、网状层积云、复层积云、透光层积云、漏光层积云、蔽光层积云

包含附属云或从属云：

悬球状层积云、幡状层积云、降水线迹层积云

层 云

名称：层云

拉丁名称：***Stratus***

所在云族：低云族

主要特征：

云体雾状，没有明显轮廓，也没有明显结构。

云底高度低，在2 000 m以下，甚至接连地面。

云体多为乳白色，或者灰色。

与其他属的区别：

层云是最低的云，容易与其他云属区分。

与高层云的区别可以透过太阳观察，太阳轮廓清晰者为层云，不清晰者为高层云。

与雨层云的区别在于，雨层云云底结构清晰，常伴有降水，而层云云底模糊，且没有大量降水。

包含种：

薄暮层云、碎层云

包含亚种：

波状层云、透光层云、蔽光层云

包含附属云或从属云：

降水线迹层云

雨层云

名称：雨层云

拉丁名称：*Nimbostratus*

所在云族：低云族、直展云族或中云族

主要特征：

云体成片、厚重、乌黑。

云底结构复杂多变。

云底高度低，在2 000 m以下。

云体黑灰色，有持续强度的降水。

与其他属的区别：

乌黑一大片的降水云，没有边界，容易与其他云属区分。

有时容易与大范围的积雨云混淆，可以通过天气变化的剧烈程度将二者区分：积雨云降水时伴有剧烈的天气变化，如大风、雷电、冰雹等；雨层云降水不甚剧烈，但持续时间更长。

包含种：

无

包含亚种：

无

包含附属云或从属云：

幡状雨层云、降水线迹雨层云、破片状雨层云

积雨云

名称：积雨云

拉丁名称：*Cumulonimbus*

所在云族：低云族或直展云族

主要特征：

云体呈巨大团块状，垂直厚度极大，外轮廓清晰。

云底多平坦，云顶多也平坦。

云底高度低，在2 000 m以下。

与其他属的区别：

云体形态特殊，垂直高度极大，易于其他云区分。

云顶的丝缕状结构容易与卷云混淆，丝缕结构没有脱离母体时为鬃积雨云，脱离后成为伪卷云。

包含种：

秃积雨云、鬃积雨云

包含亚种：

无

包含附属云或从属云：

砧状积雨云、悬球状积雨云、幡状积雨云、降水线迹积雨云、弧状积雨云、管状积雨云、幞状积雨云、缟状积雨云、破片状积雨云

高积云

名称：高积云

拉丁名称：*Altocumulus*

所在云族：中云族

主要特征：

云体小薄团块状，外轮廓清晰，多规律排列。

云底高度中等，在2 500～6 000 m。

云体多为白色，有时透明。

与其他属的区别：

大范围出现的高积云容易与高层云混淆，高层云往往模糊，没有清晰的轮廓，也没有整齐的团块结构排列。

在高原地区容易和层积云混淆，层积云的厚度较厚。

有时会与较为浓密的卷云团块混淆，云边缘有丝缕状结构为卷云。

非常容易与卷积云混淆，一般来说，卷积云出现时团块较小，呈毛团状，且周围有卷云相伴。

包含种：

絮状高积云、堡状高积云、成层状高积云、荚状高积云、积云性高积云

包含亚种：

波状高积云、辐辏状高积云、网状高积云、复高积云、透光高积云、漏光高积云、蔽光高积云

包含附属云或从属云：

悬球状高积云、幡状高积云

高层云

名称：高层云

拉丁名称：*Altostratus*

所在云族：中云族

主要特征：

云体灰布状，没有明显轮廓，也大多没有明显结构。

云底高度中等，在2 500～6 000 m。

云体多为灰色，有时为乳白色。

与其他属的区别：

高层云俗称阴天云，也被称为最无趣的云，容易与其他云区分。

因有些高层云为卷层云下降形成，有时会和卷层云混淆。卷层云有明显丝缕状并且半透明，高层云少见丝缕状结构，云体灰色。

高层云和层云的区别在于高度，高层云较高，层云较低。透过云体看太阳的形状，轮廓清晰多为层云，不清晰则为高层云。

包含种：

无

包含亚种：

波状高层云、辐辏状高层云、复高层云、透光高层云、蔽光高层云

包含附属云或从属云：

悬球状高层云、幡状高层云、降水线迹高层云、破片状高层云

卷 云

名称：卷云

拉丁名称：*Cirrus*

所在云族：高云族

主要特征：

云体丝缕状。

云底高度高，在4 500～10 000 m。

云体多为白色透明。

与其他属的区别：

卷云形态特殊，容易和中云族、低云族各种云区分。

与卷层云有时会混淆，卷云独立出现，有明显的范围，而卷层云没有明显边界。

包含种：

毛卷云、钩卷云、密卷云、伪卷云、堡状卷云、絮状卷云

包含亚种：

乱卷云、羽翎卷云、辐辏状卷云、复卷云

包含附属云或从属云：

悬球状卷云

卷层云

名称：卷层云

拉丁名称：*Cirrostratus*

所在云族：高云族

主要特征：

云体片状，有丝缕状结构。

云底高度高，在5 500～8 000 m。

云体多为白色或灰色透明。

与其他属的区别：

卷层云出现时，太阳周围多会形成日晕现象，易于其他云属区分。

包含种：

毛卷层云、薄暮卷层云

包含亚种：

波状卷层云、复卷层云

包含附属云或从属云：

无

卷积云

名称：卷积云

拉丁名称：*Cirrocumulus*

所在云族：高云族

主要特征：

云体小毛团块状，边缘不清晰，整齐排列。

云底高度高，在4 500～8 000 m。

云体多为白色透明，周围常有卷云相伴。

与其他属的区别：

卷积云容易与规则排列的层积云、高积云混淆，主要可以通过团块大小判断：层积云最大最厚，高积云其次，卷积云最小。此外，若同一高度周围出现卷云，则可立即判断为卷积云。

包含种：

堡状卷积云、絮状卷积云、成层状卷积云、荚状卷积云

包含亚种：

波状卷积云、网状卷积云

包含附属云或从属云：

悬球状卷积云、幡状卷积云

第一部分　层　云

薄暮层云

拉丁名称：*Stratus nebulosus*（种）缩写*St neb*

所属类群：国际分类低云族，层云属

形态特征：

出现高度很低，为2 000 m以下，有时与地面相接，称为雾或者霭。

云体雾状，没有形态结构。

在清晨可以形成丁达尔现象。

可以形成很低的层云云海，在海拔高度1 000 m左右的山峰就可看见。

区别：与碎层云的区别在于，薄暮层云看不到云体的结构。

▲早晨透过薄暮层云，可以见到太阳的形状。

▲山脉上奶浆般的薄暮层云。

▲城市中的高楼消失在迷雾中，这样的“云雾”就是典型的薄暮层云。

碎层云

拉丁名称：*Stratus fractus*（种）缩写*St fra*

所属类群：国际分类低云族，层云属

形态特征：

出现高度很低，为2 000 m以下，有时与地面相接。

多在山地出现，可见破碎的棉絮状云块沿着山坡运动。

天气：

碎层云多是天气变好的征兆，民谚“早上浮云飞，晌午晒死龟，早上浮云走，晌午晒死狗”。

区别：

有时，破片状积雨云、破片状雨层云也在某些情况下与地面相接，区分要点主要看云之上是否有云的母体。碎层云出现时上方没有与其连接或有关系的云存在。

▲碎层云的形成和地形关系很大，常沿山坡运动。

▲山脉之中，碎层云正在缓缓腾起。

▲山坡上的碎层云如薄纱遮蔽着山体。

▲淘气的碎层云形成“心形”。

▲清晨，山间的碎层云形成“云洞”。

波状层云

拉丁名称：*Stratus undulatus*（亚种）缩写*St un*

所属类群：国际分类低云族，层云属

形态特征：

出现高度很低，为2 000 m以下。

云体雾状，边界不清晰。

云底有波浪状结构，灰白相间，但结构并不明显。

区别：

与波状层积云相比，波状层云边缘不清晰，呈雾状，高度更低。

▲低低的层云底部，出现不太明显的波纹。

▲远处层云下的波纹更加明显。

透光层云

拉丁名称：*Stratus translucidus*（亚种）缩写*St tr*

所属类群：国际分类低云族，层云属

形态特征：

出现高度很低，为2 000 m以下。

云体较薄，透过雾状的云体可见太阳光，且可看清太阳边缘。

区别：

与透光层积云相比，透光层云没有清晰的边界。

与透光高层云容易混淆。如果透过透光高层云看太阳，太阳边界有时较模糊，而透过透光层云看太阳，太阳边缘较为清晰。

▲透光层云中看到的太阳边缘较清晰。

▲早晨出现的透光层云，使整个天空看起来如同蒙上了一层面纱。

蔽光层云

拉丁名称：*Stratus opacus*（亚种）缩写*St op*

所属类群：国际分类低云族，层云属

形态特征：

出现高度很低，为2 000 m以下。

云体较厚，呈灰黑色雾状，没有清晰边缘。

通过云体看不见太阳。

区别：

与透光层云的区别主要在云体更厚，通常看不到太阳。

与蔽光层积云相比，蔽光层云没有清晰的边界。

与雨层云容易混淆。区分方式为观察云底，雨层云的云底结构清晰而参差不齐。

▲远处的蔽光层云浓厚时，可将云中的景物完全遮挡。

▲身处蔽光层云之中，天空看起来灰蒙蒙的，没有太多形状清晰的结构。

降水线迹层云

▲纱帐般的降水线迹层云，身处其中就像进入一片雨雾。

拉丁名称：

Stratus praecipitatio（特殊形态）缩写*St pra*

所属类群：国际分类低云族，层云属

形态特征：

母体云出现高度很低，为2 000 m以下。

云体较厚，呈灰黑色雾状，没有清晰边缘。

云体中有灰黑色的丝状降水线迹，通达地面，通常因风力作用倾斜。

区别：

与雨层云相比，降水线迹层云的主体依然是层云，云体较薄且呈雾状。

▲层云下的降水线迹往往模糊不清，呈黑色雾状。

第二部分　雨层云

幡状雨层云

别名：胡子云

拉丁名称：*Nimbostratus virga*（特殊形态）缩写*Ns vir*

所属类群：国际分类低云族，雨层云属

形态特征：

母体云云底高度很低，为2 000 m以下，云体很厚，云顶可达6 000 m。云层底部下垂成幡状，不通达地面。

区别：

幡状结构较短，容易和降水线迹雨层云区别。

云体很低且呈灰黑色，可以与幡状层积云相区别。

▲纹路较为垂直的幡状雨层云，幡状结构较短，不通达地面。

▲雨层云下黑色的降水线迹通达地面。

降水线迹雨层云

别名：胡子云

拉丁名称：*Nimbostratus praecipitatio*（特殊形态）缩写*Ns pra*

所属类群：国际分类低云族，雨层云属

形态特征：

母体云云底高度很低，为2 000 m以下，云体很厚，云顶可达6 000 m。云层底部下垂丝状结构，通达地面。

区别：

云体乌黑，下垂灰黑色雨丝，通达地面，可与降水线迹层云相区别。

与降水线迹积雨云相比，降水强度和天气变化的剧烈程度均不十分强烈。

破片状雨层云

别名：跑马云

拉丁名称：*Nimbostratus pannus*（特殊形态）缩写*Ns pan*

所属类群：国际分类低云族，雨层云属

形态特征：

母体云云底高度很低，为2 000 m以下，云体很厚，云顶可达6 000 m。雨层云下破碎的云块，多呈黑色，移动迅速。

天气：

山西民谚“满天乱云飞，风雨下不停”，指的是在雨层云到来时，下方出现大量灰色破片状雨层云的情况。民谚“江猪过河，大雨滂沱”，指破片状雨层云因风吹而快速移动时，可能出现阴雨。

区别：

出现在雨层云下，因高度较低，可与其他破片状云相区分。

▲在雨层云之下，成群的破片状雨层云。

▲白色的破片状雨层云并不多见。

第三部分　层积云

堡状层积云

别名：塔云、炮车云

拉丁名称：*Stratocumulus castellanus*（种）缩写*Sc cas*

所属类群：国际分类低云族，层积云属

形态特征：

出现高度较低，为2 000 m以下。

连接成片的云系统，云底平坦，云顶向上突起呈钝齿状。

天气：

山西民谚“宝塔云，西方起，早上出现当日雨”，指的是早晨西边出现堡状层积云，预示着对流旺盛，天气将雨。广西民谚“云彩像城堡，下午大雨就来到”、广东民谚“鬼仔划船云，大雨如倾盆”也是指的这种情况。

区别：

与堡状高积云的区别在于，堡状层积云高度较低，云体较厚，云顶突起明显。

与中积云或浓积云的区别在于，堡状层积云整体平坦，连接成片，云顶也较为平坦，向上突起并不剧烈。

▲高原地带对流旺盛时，堡状层积云较易见到。

▲黄昏时的堡状层积云（较近端），顶端被夕阳浸染成红色。

▲在飞机上看到的堡状层积云，云顶如宝塔一般。

▲堡状层积云底部平坦，多个“云塔”向上发展，从飞机上能清晰地看到这一特征。

成层状层积云

拉丁名称：*Stratocumulus stratiformis*（种）缩写*Sc str*
所属类群：国际分类低云族，层积云属
形态特征：
出现高度较低，为2 000 m以下。
层积云向水平方向发展，连接成层。
当飞机起飞或降落期间穿过云层时，可看见连绵如城堡般的云体。
区别：
与成层状高积云的区别在于，成层状层积云高度较低，云体较厚。

▲成层状层积云连接成片，已经看不到独立的云块。

▲成层状层积云遮盖天空的一部分，云底之下可以看到远处的天空，形成“阴阳天”。

荚状层积云

别名：飞碟云

拉丁名称：*Stratocumulus lenticularis*（种）缩写*Sc len*

所属类群：国际分类低云族，层积云属

形态特征：

出现高度较低，为2 000 m以下。

云体边缘光滑。

从侧面观察呈梭状或透镜状，有时堆叠多层。

从下方观察呈圆润的卵圆形、圆形或不规则形态。

天气：

荚状层积云一般出现在山地或山地周边的平原地带，出现时往往伴有较强的水平气流，预示着刮风。新疆民谚“豆荚云条天上现，当地无雨也风颠”，是指这种云在山边城市上空出现，一般是刮风的先兆。

区别：

与荚状高积云的区别在于，荚状层积云云体更厚，高度较低。

▲荚状层积云如成群飞碟般出现，有时会被人误认为不明飞行物。

▲形如鸬鹚般的荚状层积云，在一些地方传说中被称为天上的玉带。

▲堆叠在一起的荚状层积云如同汉堡包。

▲荚状层积云在黄昏呈现橙黄色。

▲成群的荚状层积云在连续雨后出现，继而天空放晴，出现大风。

▲从下方观察，荚状层积云光滑可爱。

▲傍晚扁平的荚状层积云群。

▲日落后天边的荚状层积云如同巨蛇。

波状层积云

▲较为浓密的波状层积云。

别名：波浪云、楼梯云

拉丁名称：*Stratocumulus undulatus*（亚种）

缩写*Sc un*

所属类群：国际分类低云族，层积云属

形态特征：

出现高度较低，为2 000 m以下。

在天空中形成云条粗大的波浪。

区别：

与波状高积云相比，波状层积云高度明显要低，云条更为宽大。

与辐辏状层积云相比，波状层积云波浪的排列方向与云运动的方向垂直。

▲天边出现条状排列的波状层积云。

▲较为稀疏的波状层积云。

辐辏状层积云

别名：车轮云

拉丁名称：

Stratocumulus radiatus（亚种）缩写*Sc ra*

所属类群：国际分类低云族，层积云属

形态特征：

出现高度较低，为2 000 m以下。

在空中出现并排的粗大云条，云的延伸方向多与云的运动方向一致。

由于透视效应，并排的云条远端延伸至地平线，汇聚为一点，形成“辐辏”。

区别：

与辐辏状高积云相比，辐辏状层积云高度明显要低，云条更为宽大。

▲晴空下的辐辏状层积云如同棍棒状。

▲辐辏状层积云条状结构的先端正在向前伸展。

◀所谓“辐辏”云体是平行的条状云，延伸方向与云的运动方向一致。

▲在成片的层积云边缘，呈现出网状结构。

网状层积云

别名：渔网云

拉丁名称：*Stratocumulus lacunosus*（亚种）缩写*Sc la*

所属类群：国际分类低云族，层积云属

形态特征：

出现高度较低，为2 000 m以下。

在厚实的层积云云层中出现规则的空洞状排列。

出现时间短，演化迅速。

区别：

相比网状高积云、网状卷积云，网状层积云的高度明显要低。

网状层积云是在云层中出现云洞，没有丝缕结构，而网状卷积云多有丝缕结构。

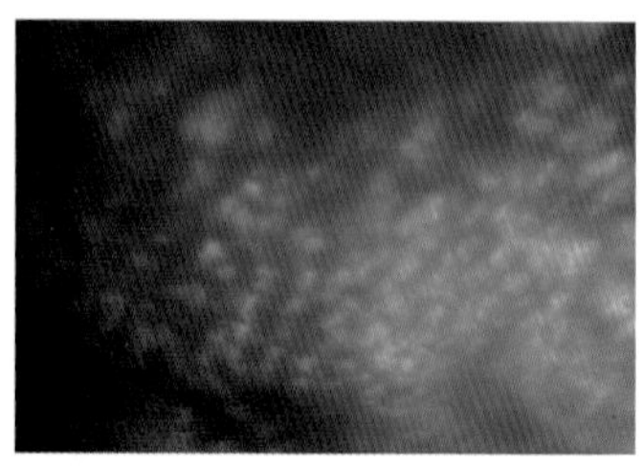

▲一次降雨过后出现的网状层积云，可见密布的孔洞。

复层积云

拉丁名称：

Stratocumulus duplicatus（亚种）缩写*Sc du*

所属类群：国际分类低云族，层积云属

形态特征：

出现高度较低，为2 000 m以下。

具有两层或两层以上的结构。

在清晨或傍晚，可见不同层次的云出现黑、白、黄、红等不同色彩。

天气：

河北民谚“云交云，雨将淋”，指的是在冷空气到来前，天空复层积云，或与多层的高积云、卷层云共同出现。

区别：

相比于复高积云，复层积云高度较低，云层较厚，且有团块状的云相伴。

▲复层积云出现在早晚太阳较低的时候，不同层的云色差异显著。

▲中午可以通过云的明暗，判断云层高度的不同，将不同层的云区分出来。

漏光层积云

别名：耶稣光

拉丁名称：*Stratocumulus perlucidus*（亚种）缩写*Sc pe*

所属类群：国际分类低云族，层积云属

形态特征：

出现高度较低，为2 000 m以下。

云体厚，覆盖范围大，常呈黑色或白色，具有清晰的边缘。

云体中有大量云隙，可见蓝天。

阳光透过云隙可产生曙暮光条（耶稣光）现象。

区别：

相比于透光层积云，漏光层积云从云隙间可见蓝天，而透光层积云云隙间多为较薄的云层。

相比于漏光高积云，漏光层积云较低，云层较厚，可产生曙暮光条现象，而漏光高积云云层薄，一般不会出现曙暮光条。

▲漏光层积云缝隙中可见蓝天。

▲从远处看，可见漏光层积云云隙间有光泻下。

▲傍晚的漏光层积云，云隙间泻出夕阳的暖色。

▲高原上的漏光层积云在草地上投射出斑驳的光影。

透光层积云

拉丁名称：*Stratocumulus translucidus*（亚种）缩写*Sc tr*

所属类群：国际分类低云族，层积云属

形态特征：

出现高度较低，为2 000 m以下。

云体厚，覆盖范围大，灰白色，有阳光透过，但通常看不到蓝天。

区别：

相比于蔽光层积云，从透光层积云云隙能看到灰白色的阳光，云体相对较薄。

与透光高积云相比，透光层积云连接成片，而透光高积云呈明显斑块状。

▲透光层积云（左下及右上部分）之间可见灰色的高积云块。

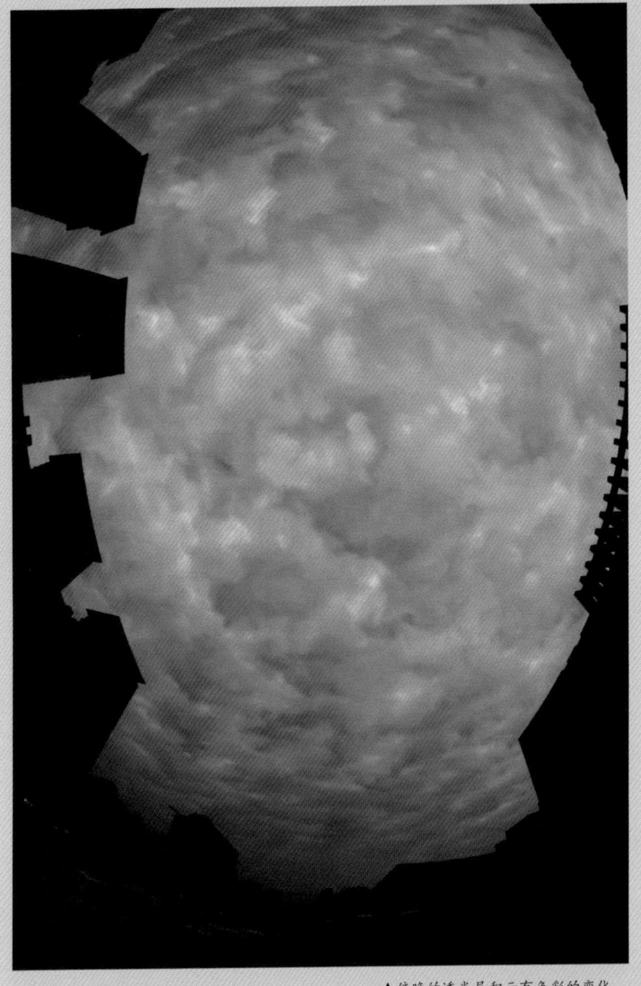

▲傍晚的透光层积云有色彩的变化。

蔽光层积云

拉丁名称：*Stratocumulus opacus*（亚种）缩写*Sc op*
所属类群：国际分类低云族，层积云属
形态特征：
出现高度较低，为2 000 m以下。
云体厚，覆盖范围大，通常灰色，阳光不易透过。
区别：
与成片的积云相比，蔽光层积云连接成片，看不出独立的云块。

▲蔽光层积云不同的灰度体现了云体厚度的变化。

▲蔽光层积云下通常不见阳光。

悬球状层积云

别名：悬球云、乳房云、梨状云

拉丁名称：*Stratocumulus mamma*（特殊形态）缩写*Sc mam*

所属类群：国际分类低云族，层积云属

形态特征：

母体云出现高度较低，为2 000 m以下。

云体多呈半球状，灰黑色，边缘光滑。

有时半球状的云体变成长圆或其他形态，但总体依然边缘光滑，呈下垂状。

天气：

悬球状层积云多是降水征兆，常预示连续性降雨的出现。浙江民谚“天上云像梨，地下雨淋泥”，指的是悬球状层积云出现时，是强烈而持久降水的预示。

区别：

与悬球状高积云相比，悬球状层积云球形明显而大，呈灰黑色，云隙间看不到蓝天。

▲阴雨连绵，天空布满了“黑葡萄”，云隙间看不到蓝天。

▲层积云下垂灰色的幡，一般不通达地面。

幡状层积云

别名：胡子云、水母云

拉丁名称：*Stratocumulus virga*（特殊形态）缩写*Sc vir*

所属类群：国际分类低云族，层积云属

形态特征：

母体云出现高度较低，为2 000 m以下。

层积云下垂为丝状，多向一侧倾斜。

下垂部分不与地面相连接。

天气：

幡状层积云是云体中的云滴或冰晶下落形成，预示着降水来临，民谚称之为“云生胡子雨”，但有时降雨并不猛烈。

区别：

与幡状高积云相比，幡状层积云的云体低，下垂丝状云体多为灰黑色。

与降水线迹层积云相比，丝状云体一般不通达地面。

▲层积云拖下了尾巴状的幡。

降水线迹层积云

别名：胡子云、水母云

拉丁名称：*Stratocumulus praecipitatio*（特殊形态）缩写*Sc pra*

所属类群：国际分类低云族，层积云属

形态特征：

母体云出现高度较低，为2 000 m以下。

层积云下垂为丝状，常呈灰色，与地面相接。

天气：

降水线迹层积云是远处云体降水的标志，表示已经有降水发生。

区别：

与降水线迹雨层云相比，降水线迹层积云云体较薄，不都呈黑色，有明显的云块可见，降水线迹多只发生在局部，不会发生大范围降水。

▲黑色的云丝垂到远处的山顶上，表示远山上已发生降水。

▲降水线迹层积云并非每次都呈丝缕状，有时也会汇集为较粗的形态。

▲远处降水线迹层积云的灰色雨丝垂到地面。

▲高原地区的山谷中，经常能够观察到降水线迹层积云。

积云性层积云

拉丁名称：*Stratocumulus cumulogenitus*（种）缩写*Sc cug*

所属类群：国际分类低云族，层积云属

备注：在一些分类体系中，不存在积云性层积云，但在《中国云图》的分类系统中存在。

形态特征：

出现高度较低，为2 000 m以下。

主要由积云水平发展，连接成片形成，颜色较为灰暗。

云块的形状不规则，云块间有间隙。

区别：

积云性层积云是从云形成角度进行的分类，与其他类型层积云的区别主要在其形成方式：若此前出现较多积云，连接成片形成的层积云即为本种。

▲积云水平衍生出积云性层积云。

向晚性层积云

别名：向晚层积云、向夕层积云

拉丁名称：*Stratocumulus vesperalis*（种）缩写*Sc ves*

所属类群：国际分类低云族，层积云属

备注：在一些分类体系中，向晚性层积云已经不再使用。

形态特征：

出现高度较低，为2 000 m以下。

黄昏时层积云从垂直发展变为水平发展，形成宽大的云条。

云体常会因夕阳照射，带有红色、黄色等色彩。

天气：

由于云体较薄部分因夕阳照射而带有红、黄、褐色等色彩，民谚“早霞不出门，晚霞晒死人”就是指向晚性层积云在傍晚出现；类似的有广西民谚“朝起红霞朝落雨，晚起红霞晒死鱼”。（其中早霞、晚霞亦指因阳光而呈现红色的多种云而言。）

区别：

向晚性层积云是从云形成的角度进行的分类，与其他类型层积云相区分时，可结合出现时间与形态综合判断。

▲向晚性层积云发展为宽大的云条。

▲日落之前，向晚性层积云被染成金色。

▲日落之前，向晚性层积云被染成金色。

第四部分　积　云

碎积云

拉丁名称：*Cumulus fractus*（种）缩写*Cu fra*

所属类群：国际分类直展云族，积云属

形态特征：

云底高度一般在2 000 m以下。

云体薄，边缘丝毛状，形状多变且变化迅速，多呈白色。

天气：

多预示晴好或有风的天气，宁夏民谚“天上花花云，明天晒死人”，指的是晴天出现的碎积云，多预示天气良好。

区别：

与各种破片状云容易混淆：破片状云为云的附属结构，通常在积云、积雨云等的下方，而碎积云通常独立存在。

▲晴天成群的碎积云好像蛋花汤。

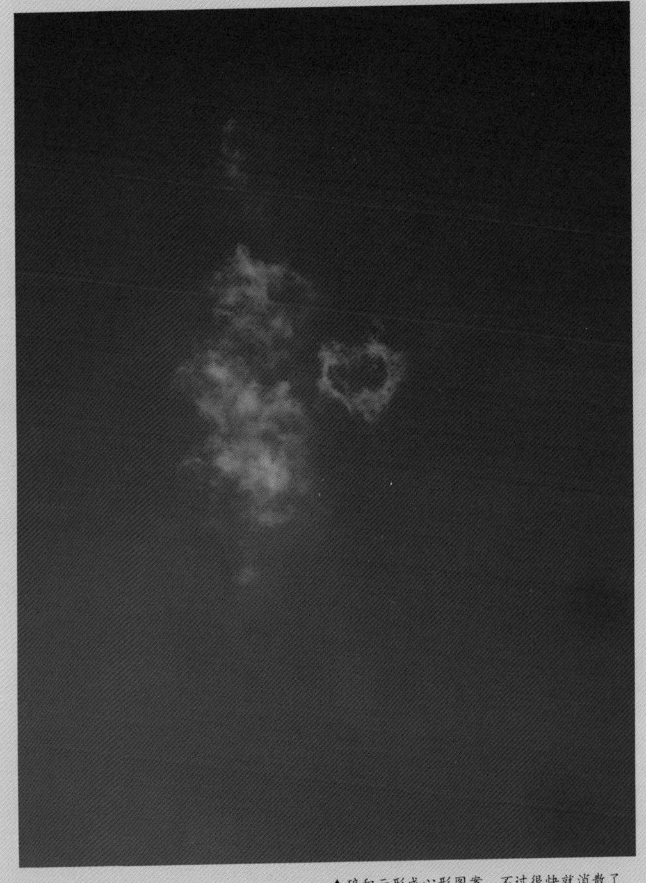

▲碎积云形成心形图案，不过很快就消散了。

▲草原上羊羔般的淡积云。

淡积云

别名：朵朵云

拉丁名称：*Cumulus humilis*（种）缩写*Cu hum*

所属类群：国际分类直展云族，积云属

形态特征：

垂直高度大，云底高度一般在2 000 m以下。

从侧面看云块呈棉花状，多为白色，较薄呈扁平状，水平尺度大于垂直尺度。

从下方看呈块状，边缘丝毛状而清晰，云体灰白色。

天气：

淡积云通常不会造成降雨，出现时多为晴好天气的标志，吉林地区就有民谚“早晨朵朵云，午后晒死人”。

区别：

与中积云、浓积云相比较，淡积云云块的水平尺度大于垂直尺度。

与高积云的区别在于，高积云为规则排列的薄云块，且云块较小，淡积云较大。

与碎积云相比，淡积云呈明显的块状，底部边缘清晰较平坦。

▲成群的淡积云在高原较为常见。

▲淡积云的底部，云底的边缘比较清晰。

▲淡积云常见各种形状，能够引起人们的联想，比如这一淡积云就像一只乌龟。

▲如糖果般的淡积云，其形状并不能保持很久。

▲如鲸鱼一样的淡积云，其形状是天空中的风造成的。

▲骆驼状的中积云，由淡积云发展而来。

中积云

拉丁名称：*Cumulus mediocris*（种）缩写*Cu med*

所属类群：国际分类直展云族，积云属

形态特征：

垂直高度大，云底高度一般在2 000 m以下。

从侧面看云块呈棉花状，多为白色，云块厚，垂直尺度与水平尺度大体相当。

云底平坦，云顶已有许多明显的凸起，呈瘤状或花椰菜状。

天气：

中积云不会造成降雨，民谚“馒头云，天气晴”是说远方有中积云出现，天气晴好。但若中积云距观察者较近，且迅速演变为浓积云或积雨云，则未来有可能降雨。

区别：

中积云是淡积云发展到浓积云的过渡类型，垂直尺度与水平尺度大体相当，相比之下浓积云发展更为剧烈。

▲运动中的中积云。

▲草原上略呈心形的中积云。

▲傍晚时的中积云常带有红、黄等颜色。

浓积云

拉丁名称：*Cumulus congestus*（种）缩写*Cu con*

所属类群：国际分类直展云族，积云属

形态特征：

垂直高度大，云底高度一般在2 000 m以下；厚度变化大，可以超过6 000 m。

剧烈发展的积云体系，顶部有明显的多个凸起，从侧面看呈花椰菜状。

云体高，垂直尺度远大于水平尺度，有时呈塔状。

▲浓积云顶部生长过快，通常难以形成积雨云。

天气：

新疆地区民谚“花菜云状伴侣，风雨交加雷闪电”，指的是浓积云在夏季午后迅速发展为积雨云，一场雷雨即将到来。民谚“早晨乌云盖，无雨也风来”是指清晨见到的浓积云，极有可能发展为积雨云并带来降雨。

区别：

易与秃积雨云相混淆，可从云顶来判别：秃积雨云云顶平坦，表明已经到达云形成高度的上限；而浓积云云顶有向上的凸起。此外，通常积雨云发展更为猛烈，且已有降水特征。

▲浓积云在阳光斜射时如同棉花糖，摄影者常以浓积云为拍摄题材。

◀高原地区常见强烈发展的浓积云。

◀有时浓积云会给人以即将下雨的感觉。

辐辏状积云

别名：云街

拉丁名称：*Cumulus radiatus*（亚种）缩写*Cu ra*

所属类群：国际分类直展云族，积云属

形态特征：

垂直高度大，云底高度一般在2 000 m以下。

独立存在的粗大云条并排排列，因透视效应有放射感。

区别：

易与辐辏状层积云混淆。相比而言，辐辏状积云是许多单独的个体，而辐辏状层积云连接成条或成片。

▲由飞机上向下看去，海面上整齐排列的“云街”就是辐辏状积云。

幡状积云

别名：水母云、胡子云

拉丁名称：*Cumulus virga*（特殊形态）缩写*Cu vir*

所属类群：国际分类直展云族，积云属

形态特征：

母体云垂直高度大，云底高度一般在2 000 m以下。

积云云块下垂丝缕状结构，有时可以看到彩虹等光学现象，但不与地面接触。

区别：

与幡状层积云、幡状积雨云相比，幡状积云的母体云要小得多。

▲如果积云下方出现彩虹，一定是有幡状积云存在，但地面不一定下雨。

▲黄昏时，积云下的幡状积云形成粗大的“幡带”。（摄影/崔杉）

▲浓积云下带有胡须般的幡状积云结构。

▲积云下的雪幡形成“幻日”现象。

降水线迹积云

别名：胡子云

拉丁名称：*Cumulus praecipitatio*（特殊形态）缩写*Cu pra*

所属类群：国际分类直展云族，积云属

形态特征：

母体云垂直高度大，云底高度一般在2 000 m以下。

积云云块下垂丝缕状结构，一直垂到地面。

区别：

与降水线迹层积云的区别在于，云的母体是独立块状的积云，而非成层状的层积云。

▲在浓积云母体下，出现丝缕状的降水线迹积云。

▲弧状积云通常云底较低，长条形给人以压迫感。

弧状积云

拉丁名称：*Cumulus arcus*（特殊形态）缩写*Cu arc*
所属类群：国际分类直展云族，积云属
形态特征：
垂直高度大，云底高度一般在2 000 m以下。
积云云体较厚，长条形，呈现出面包圈的形态。

管状积云

拉丁名称：

Cumulus tuba（特殊形态）缩写 ***Cu tub***

所属类群：国际分类直展云族，积云属

形态特征：

垂直高度大，云底高度一般在2 000 m以下。

积云云体下出现尾巴状、漏斗状的结构。

▲管状积云通常出现在积云云体下部。

▲积云顶部的幞状云向一侧延伸，如旗子状。

幞状积云

别名：帽子云、雨伞云

拉丁名称：*Cumulus pileus*（特殊形态）缩写*Cu pil*

所属类群：国际分类直展云族，积云属

形态特征：

母体云垂直高度大，云底高度一般在2 000 m以下。

出现在积云的顶端，形如伞或者斗笠，边缘光滑，有时会有多层结构。

在太阳附近时，会因衍射现象而出现虹彩色。

▲浓积云顶部出现的双层幞状积云。

区别：

容易与荚状卷积云、荚状高积云混淆。荚状云往往单独出现，幞状积云是积云云顶的附属云，不会单独出现。

缟状积云

拉丁名称：*Cumulus velum*（特殊形态）缩写*Cu vel*
所属类群：国际分类直展云族，积云属
形态特征：
母体云垂直高度大，云底高度一般在2 000 m以下。
出现在积云云顶的周边或上方，形状为长条形的薄云，常呈灰黑色。

▲积云上黑色的“绸带”，就是缟状积云。

破片状积云

拉丁名称：*Cumulus pannus*（特殊形态）缩写*Cu pan*

所属类群：国际分类直展云族，积云属

形态特征：

母体云垂直高度大，云底高度一般在2 000 m以下。

出现在积云下方的破碎云团，形状不规则，云体薄而形状多变，边缘呈破碎状。

区别：

易与碎积云混淆，区别在于二者高度不同，碎积云可单独出现，而破片状积云附属于积云云体下方，其上仍有明显的其他积云。

▲因有其他积云存在，遮挡了阳光，所以高度较低的破片状积云通常呈灰色或黑色。

▲浓积云下的破片状积云。

▲黄昏时积云下的破片状积云。

▲有时破片状积云可组成较大的一团。

第五部分　积雨云

秃积雨云

别名：菜花云、鬼头云

拉丁名称：*Cumulonimbus calvus*（种）缩写*Cb cal*

所属类群：国际分类直展云族，积雨云属

形态特征：

垂直高度巨大，云底可低至1 000 m以下，云顶可超过万米。

从侧面观察，云顶部平坦，但没有丝状的特征。

从下面观察，云体乌黑，伴有强风、闪电、暴雨等天气现象。

属于积雨云的初成阶段。

天气：

广西民谚"馒头云冲顶，阵性雨来的准"，指的是秃积雨云正在形成，也是雷雨将至的标志。类似的还有民谚"西方菩萨云，下雨快来临""鬼头云高又高，大风雨来到"等。

区别：

与浓积云相比，秃积雨云纵向发展更为剧烈。当浓积云上部的凸出部分开始失去积状轮廓，变得较平坦，但未形成丝状结构时，即为秃积雨云。

从底部观察时，与雨层云相区分：积雨云和雨层云的底部均为乌黑巨大的云体，但积雨云通常伴有狂风、雷电、冰雹、瞬时强降雨等天气特征，降雨过程更为猛烈。

▲高原上正在发展、形成的秃积雨云。

▲秃积雨云的顶端蓬松平坦。

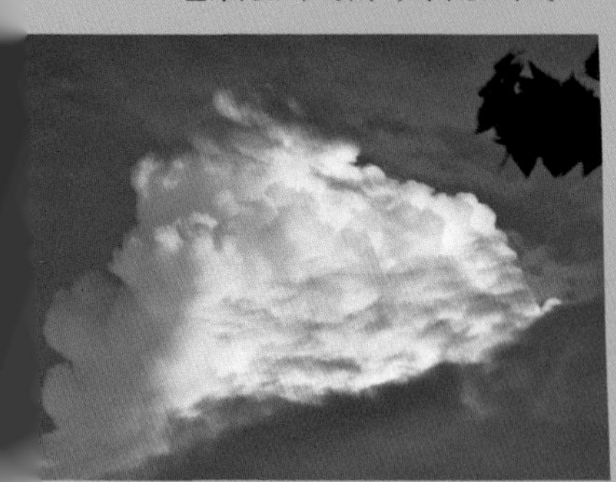

▲秃积雨云正由浓积云逐渐演变而成。

▲黄昏时的秃积雨云在天空与太阳相反一侧，可被染上红、黄等颜色。

鬃积雨云

别名：蘑菇云

拉丁名称：*Cumulonimbus capillatus*（种）缩写*Cb cap*

所属类群：国际分类直展云族，积雨云属

形态特征：

垂直高度巨大，云底可低至1 000 m以下，云顶可超过万米。

云顶部较平，具有向上的丝缕状结构，形如头发，类似卷云。

鬃积雨云的顶部多呈砧状、羽冠状、毛发丛状。

▲鬃积雨云的云顶如毛发丛状。

天气：

东北民谚“云顶长白发，定有雹子下”，指的是鬃积雨云出现时，表示积雨云发展到最旺盛阶段，对流强烈，可能有冰雹出现。

▲鬃积雨云的顶部略呈砧状，同时具有毛发般的结构。

区别：

与秃积雨云的主要区别在于云顶：秃积雨云是云体发展的过程，云顶平坦无丝缕状结构；鬃积雨云是云体消散的过程，云顶带有丝缕状结构。

与浓积云的区别在于，鬃积雨云的云顶模糊，浓积云的云顶清晰。

▲鬃积雨云顶部已经开始消散。

砧状积雨云

别名：铁砧云、榔头云

拉丁名称：*Cumulonimbus incus*（特殊形态）缩写*Cb inc*

所属类群：国际分类直展云族，积雨云属

形态特征：

母体云垂直高度巨大，云底可低至1 000 m以下，云顶可超过万米。

云顶平坦如同砧板状。

纹理多呈纤维状，或有时无纹理。

▲从远处看去，砧状积雨云如同蘑菇。

天气：

青海民谚“天上铁砧砧，地上雨成滩”，指的是砧状积雨云的出现预示着雷雨到来。类似的还有东北地区民谚“云花累叠成砧，雷公雷婆要显身”、广东民谚“日落西南出铁砧，准备下雨把伞张”。

▲积雨云平坦的砧状云顶即为砧状积雨云。

区别：

砧状积雨云是鬃积雨云的云顶，是积雨云发展阶段的一个特殊形态，在其他类型云中不会出现。

▲多个砧状云同时存在。

▲在飞机上可通过平行视角观察砧状云。

▲悬球状积雨云底部如同泼墨状。

▲远处积雨云下的悬球状积雨云。

▲在砧状云底部，也可能出现悬球状积雨云。

悬球状积雨云

别名：悬球云、乳房云、梨状积雨云

拉丁名称：*Cumulonimbus mamma*（特殊形态）缩写*Cb mam*

所属类群：国际分类直展云族，积雨云属

形态特征：

母体云垂直高度巨大，云底可低至1 000 m以下，云顶可超过万米。云底或砧状云下方有球状结构，边缘光滑，云体呈灰黑色。

天气：

山西民谚“浓云挂奶，冰雹要来”、东北民谚“悬球云，雷雨不停”，指的是夏季的悬球状积雨云是大雨甚至冰雹到来的先兆。

区别：

与其他类型的悬球状云相比，悬球状积雨云最容易见到，且悬球最为明显，并伴随剧烈的天气现象。

▲积雨云刚刚消散，但悬球云依然存在。

▲黄昏时的悬球状积雨云有时会带有红、黄等颜色。

▲悬球状积雨云也被称为梨状积雨云，其形状有时如梨子。

▲雷雨来临前，悬球状积雨云如同灰色的“大葡萄”。

▲悬球状积雨云的形态在快速变化时，通常暴雨很快就要来临。

▲砧状云底部有时也有下垂的幡状积雨云。

幡状积雨云

别名：胡子云

拉丁名称：*Cumulonimbus virga*（特殊形态）缩写*Cb vir*

所属类群：国际分类直展云族，积雨云属

形态特征：

母体云垂直高度巨大，云底可低至1 000 m以下，云顶可超过万米。

▲积雨云下丝毛状的幡，即为幡状积雨云的典型特征。

云底垂下灰黑色丝状结构，但不接触地面。

区别：

与其他幡状云相比，幡状积雨云通常伴有剧烈的天气现象。

降水线迹积雨云

别名：胡子云

拉丁名称：*Cumulonimbus praecipitatio*（特殊形态）缩写*Cb pra*

所属类群：国际分类直展云族，积雨云属

形态特征：

母体云垂直高度巨大，云底可低至1 000 m以下，云顶可超过万米。云底垂下灰黑色丝状结构，接触地面。

天气：

东北民谚“云把胡子生，急雨不能轻”，指的是降水线迹积雨云出现，表明不远处已经有强降水出现。

区别：

与幡状积雨云的区别在于，云底丝状结构接触到地面。

▲积雨云下白条般的丝状结构，即为降水线迹积雨云。

▲距离云底较近时，光线被母体云遮挡，降水线迹积雨云也会变成黑色。

弧状积雨云

拉丁名称：*Cumulonimbus arcus*（特殊形态）缩写*Cb arc*

所属类群：国际分类直展云族，积雨云属

形态特征：

母体云垂直高度巨大，云底可低至1 000 m以下，云顶可超过万米。

云体延展时形成黑色的拱弧。

云底出现边缘清晰的“面包圈”结构，单层或者多层，边缘有少许破碎。

天气：

广西民谚“滚轴云来，风急雨猛”，指的是弧状积雨云预示着强降水的到来。

▲弧状积雨云可形成多层“面包圈”结构。

管状积雨云

拉丁名称：*Cumulonimbus tuba*（特殊形态）缩写*Cb tub*
所属类群：国际分类直展云族，积雨云属
形态特征：
母体云垂直高度巨大，云底可低至1 000 m以下，云顶可超过万米。
云底伸出的云柱或者倒云锥，呈尾巴状或漏斗状。
天气：
在民间亦被称为“下龙”，沿海地区称之为“龙吸水”，管状积雨云出现时，有时可能预示着龙卷风的来临。

▲积雨云底部狭长的管状结构。

幞状积雨云

别名：雨伞云、帽子云

拉丁名称：*Cumulonimbus pileus*（特殊形态）缩写*Cb pil*

所属类群：国际分类直展云族，积雨云属

形态特征：

母体云垂直高度巨大，云底可低至1 000 m以下，云顶可超过万米。

在秃积雨云的云顶出现类似荚状云的结构，如同帽子戴在头顶，薄而光滑，偶尔出现多层，产生和消失都很快。

有时积雨云的顶端会穿过幞状云。

区别：

与幞状积云的区别在于其下方云体是否发展剧烈。

与荚状云的区别主要看其是否因积雨云向上发展而形成，同时幞状积雨云不会单独出现。

▲秃积雨云的顶端戴的“帽子”就是幞状积雨云。

▲幞状积雨云更多时候如同小伞，出现后很快就会消失。

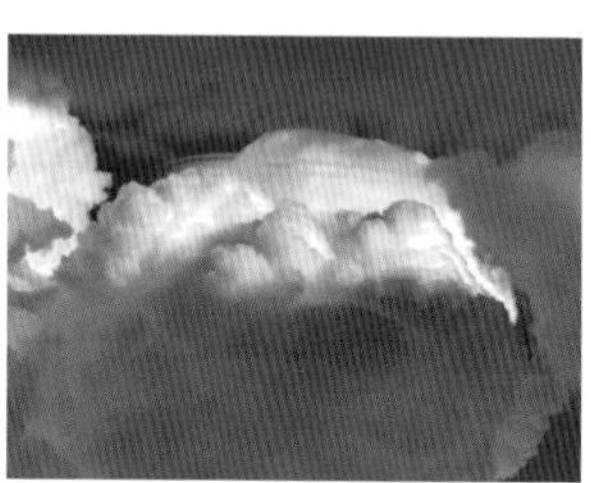

▲积雨云顶端的双层幞状积雨云。

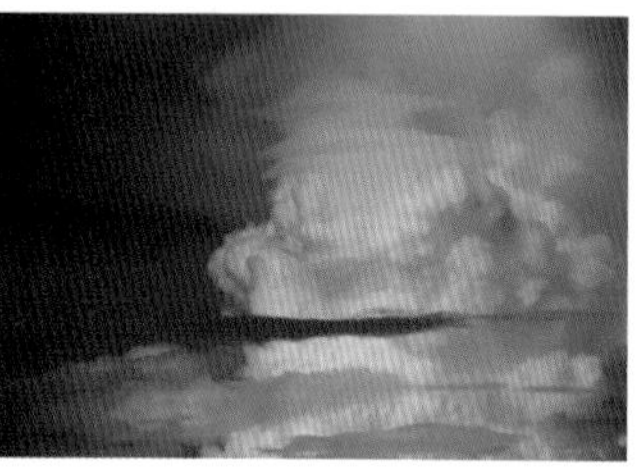

▲有时幞状云会叠加成多层，积雨云能够穿过幞状积雨云。

缟状积雨云

拉丁名称：

Cumulonimbus velum（特殊形态）缩写*Cb vel*

所属类群：国际分类直展云族，积雨云属

形态特征：

母体云垂直高度巨大，云底可低至1 000 m以下，云顶可超过万米。

▲砧状积雨云顶下也可出现缟状积雨云。

呈幕状，附着在一个或几个云顶之上，有时云顶可穿过缟状积雨云。

从侧面看去，像是在母体云周边出现薄长条状的云，形如纱带。

▲在积雨云周围，黑色丝带般的即为缟状积雨云。

破片状积雨云

别名：跑马云

拉丁名称：*Cumulonimbus pannus*（特殊形态）缩写*Cb pan*

所属类群：国际分类直展云族，积雨云属

形态特征：

母体云垂直高度巨大，云底可低至1 000 m以下，云顶可超过万米。

在积雨云的云体下或者周围出现黑色快速移动的云，高度非常低，可达地面。

天气：

福建民谚“西方云底乱，下雨别期慢”，指的是破片状积雨云出现时，将有降雨来临。民谚“满天乱飞云，落雨像只钉，落三落四落不停”，是指积雨云下若出现破片状积雨云，且快速移动，则不久将有降雨。

区别：

与破片状雨层云相比，破片状积雨云移动变化迅速。

▲破片状积雨云移动变化非常迅速。

▲鬃积雨云到来前，已有破片状积雨云作为“先锋”。

▲积雨云的云底开始发生破碎，形成破片状积雨云。

▲积雨云下大块的破片状积雨云。

第六部分　高层云

波状高层云

别名：波浪云、楼梯云

拉丁名称：*Altostratus undulatus*（亚种）缩写*As un*

所属类群：国际分类中云族，高层云属

形态特征：

出现在高度为2 500～6 000 m的大气层中。

云体灰色，连接成片，云底具有波纹结构。

区别：

与波状高积云的区别在于，波状高层云没有明显的云块，只是云底具有波纹。

▲距离较远时，波状高层云底部的灰色波状纹路看上去比较细密。

▲日出时出现的波状高层云。

▲波状高层云的云底具有灰色的纹路。

▲波状高层云通常连接成片，看不出明显的云块。

辐辏状高层云

别名：车轮云

拉丁名称：*Altostratus radiatus*（亚种）缩写*As ra*

所属类群：国际分类中云族，高层云属

形态特征：

出现在高度为2 500～6 000 m的大气层中。

云体灰色，云底具有并排条状结构，多呈灰黑色，由于透视效应聚集于地平线处一点，呈辐辏状。

有时会有丝缕状的结构。

区别：

易与波状高层云混淆，若观察云动方向，辐辏状高层云的条状“辐辏”与云动方向一致，而波状高层云则与云动方向垂直。

▲辐辏状高层云与其上方的其他云同时存在。

▲辐辏状高层云的条状结构。

▲因为连接成片遮住了阳光，所以辐辏状高层云底部通常呈灰黑色。

▲辐辏状高层云的“云条”经常连接成片。

复高层云

拉丁名称：*Altostratus duplicatus*（亚种）缩写*As du*

所属类群：国际分类中云族，高层云属

形态特征：

出现在高度为2 500～6 000 m的大气层中。

云体灰色，有两层或者多层的结构，因高度和透光率不同，呈现不同深浅的灰度颜色。

通常只有在太阳高度较低的情况下才能看到不同高度的云层。

区别：

与复层积云的区别在于，复层积云有清晰的边界，有明显的云块，而复高层云中每一层都难以看到云块，而多呈片状。

▲早晚太阳高度较低时，可以看到复高层云深浅不同的灰色云层。

▲远处的复高层云分为上下两层。

▲透光高层云呈灰色，没有明显的边缘。

透光高层云

▲透过透光高层云的云层可看到太阳，边缘清晰。

拉丁名称：*Altostratus translucidus*（亚种）缩写*As tr*

所属类群：国际分类中云族，高层云属

形态特征：

出现在高度为2 500～6 000 m的大气层中。

云体灰色至灰白色，没有明显边界或结构，可透过云层看到太阳光，有些情况下可看到太阳呈白色，边缘清晰。

在地上可以看到物体的影子，但轮廓不清晰。

区别：

与透光层云的区别在于，透光高层云有一定高度，地面附近不会有云雾笼罩。

高层云有些是卷层云下降后产生，在透光的条件下，卷层云会产生日晕或月晕现象，而透光高层云只会产生日华或月华现象。

▲蔽光高层云布满天空，就是人们印象中最经典的“阴天”。

蔽光高层云

别名：阴天

拉丁名称：***Altostratus opacus***（亚种）缩写*As op*

所属类群：国际分类中云族，高层云属

形态特征：

出现在高度为2 500～6 000 m的大气层中。

云体灰色或灰黑色，没有明显边界或结构，看不到太阳。

在地面上看不到物体的影子。

天气：

广东民谚“云幕均匀满天空，若无台风也有水冲”，指的是避光高层云加厚，是降水先兆。

区别：

与其他蔽光云相比，在蔽光高层云覆盖时，天空并不暗淡，但看不到太阳。

透光高层云和蔽光高层云可以通过地面物体的影子来判断，蔽光高层云在地面看不到影子。

悬球状高层云

别名：乳房云、悬球云

拉丁名称：*Altostratus mamma*（特殊形态）缩写*As mam*

所属类群：国际分类中云族，高层云属

形态特征：

母体云出现在高度为2 500～6 000 m的大气层中。

云体灰色片状，在云下端附属有个体较小的半球形结构，边缘光滑。

区别：

与悬球状层积云、悬球状积雨云相比，悬球状高层云的球形结构较小。

与悬球状高积云相比，悬球状高层云的球状结构间看不到天空，只是高层云的下层结构。

▲高层云层下光滑的小球状结构即为悬球状高层云。

▲灰色的高层云下飘荡的幡状高层云。

幡状高层云

别名：胡子云

拉丁名称：*Altostratus virga*（特殊形态）缩写*As vir*

所属类群：国际分类中云族，高层云属

形态特征：

母体云出现在高度为2 500～6 000 m的大气层中。

云体灰白色片状，云体下有丝状下垂，不通达地面，多因高空风而斜向一侧。

区别：

与其他幡状云的区别主要在母体云为高层云，云幡通常为灰色。

▲幡状高层云（图片上部）的幡状结构，在飞机上较易观察到。

降水线迹高层云

别名：胡子云

拉丁名称：*Altostratus praecipitatio*（特殊形态）缩写*As pra*

所属类群：国际分类中云族，高层云属

形态特征：

母体云出现在高度为2 500～6 000 m的大气层中。

云体灰白色片状，云体下有灰色丝状下垂，并通达地面。

区别：

与幡状高层云的区别在于，丝状结构下垂通达地面。

▲在高层云笼罩的草原上，可以看到远处的降水线迹高层云，丝状结构通达地面。

破片状高层云

拉丁名称：*Altostratus pannus*（特殊形态）缩写*As pan*

所属类群：国际分类中云族，高层云属

形态特征：

母体云出现在高度为2 500～6 000 m的大气层中。

出现在高层云下，呈破碎状，颜色多为黑色。

有时连接成一个连续的云层。

区别：

与其他破片状云相区分：破片状高层云的母体云为灰色的高层云，连接成片，没有明显的块状、丝缕状等结构。

▲在高层云之下，黑色的破片状高层云形态不固定。

第七部分　高积云

堡状高积云

别名：炮车云、城堡云、炮台云

拉丁名称：*Altocumulus castellanus*（种）缩写*Ac cas*

所属类群：国际分类中云族，高积云属

形态特征：

出现在高度为2 500～4 500 m的大气层中。

从侧面观察，云体底部平坦，上部锯齿状突起，表明云体内部有对流发展。

天气：

湖南民谚“锯齿云，天不晴”，锯齿云指的是堡状高积云锯齿般的外貌。堡状高积云出现表示大气不稳定，天气一般不会晴好，并有可能在此后产生降水，民谚“天上炮台云，不过三日雨淋淋”即指此状况。

区别：

与堡状层积云相比，堡状高积云云体更薄，突起也并不显著。

堡状高积云在从下方观察时容易和絮状高积云混淆，需要看清发展情况：堡状高积云因内部有对流发展，故而具有向上发展的云体。

▲清晨天边的堡状高积云，向上发展的云体明显。

▲远观堡状高积云，总体是平坦的条形。

▲堡状高积云上端出现典型的锯齿状结构。

絮状高积云

别名：棉花云、破絮云

拉丁名称：*Altocumulus floccus*（种）缩写*Ac flo*

所属类群：国际分类中云族，高积云属

形态特征：

出现在高度为2 500～4 500 m的大气层中。

云块小而规则，排列不规则，多为白色。

天气：

安徽民谚“棉絮云，有雷雨”，指的是夏季出现絮状高积云，可能带来降雨。絮状高积云是天气不稳定的预兆，在夏天意味着雷雨将至。类似的还有内蒙古民谚“云似棉絮，雨似汗流”、民谚“朝有破絮云，午后雷雨淋”等。

区别：

容易与透光高积云、漏光高积云混淆，絮状高积云的主体是小云块，而透光高积云、漏光高积云则是连接成片的云。

絮状高积云和一些卷积云容易混淆，可从云块大小进行判断：卷积云的云块小而模糊，絮状高积云的云块大而清晰。此外，絮状高积云云块会出现阴影，而絮状卷积云则不会出现阴影。

▲絮状高积云（图片上部）如鱼鳞状，位于大块的积云之上。

▲絮状高积云的团块小而蓬松。

▲絮状高积云的云块会出现阴影。

▲絮状高积云的云块排列不规则，但不会彼此连接成大片。

▲成层状高积云通常只遮住一部分天空。

成层状高积云

拉丁名称：*Altocumulus stratiformis*（种）缩写*Ac str*

所属类群：国际分类中云族，高积云属

形态特征：

出现在高度为2 500～4 500 m的大气层中。

高而薄的高积云云块组合成层状。

区别：

与成层状层积云相比，成层状高积云云体较薄，云块明显较小。

▲有交错纹路的成层状高积云。

荚状高积云

别名：飞碟云、梭子云

拉丁名称：*Altocumulus floccus*（种）缩写*Ac Len*

所属类群：国际分类中云族，高积云属

形态特征：

出现在高度为2 500 ~ 4 500 m的大气层中。

从侧面观察，云块呈梭状、透镜状，中间厚，两边薄，边缘光滑。

从下方观察，云块呈卵圆形、圆形或者不规则有弧度的形状，边缘光滑。

在太阳附近，边缘会形成红绿相间的干涉色。

天气：

荚状高积云出现时通常伴有大风。此外，在一些山区出现荚状高积云，有可能出现风雨等不稳定天气，新疆民谚“连日多阴沉，忽见豆荚云，云向西边去，雨雪定来临”所指即此。

区别：

与荚状层积云相比，荚状高积云的云体较薄，位置较高。

与荚状卷积云相比，荚状高积云有明显的阴影。

▲天空中的荚状高积云好似飞艇，可以看到云体有明显的阴影。

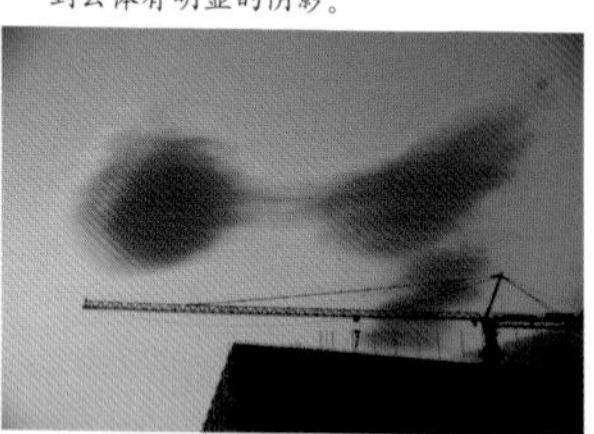

▲黄昏时的荚状高积云常带有红色、黄色等色彩。

▲多层的荚状高积云从侧面看去，云体扁平，如同“手指”状。

▲在太阳附近时，较薄的荚状高积云出现虹彩色。

▲飞机上拍到的荚状高积云（灰色）如透镜状。

▲大风中，荚状高积云形状多种多样。

波状高积云

别名：海浪云、楼梯云

拉丁名称：*Altocumulus undulatus*（亚种）缩写*Ac un*

所属类群：国际分类中云族，高积云属

形态特征：

出现在高度为2 500～4 500 m的大气层中。

云体呈规律的波浪形，或由云块组成有规律的行列。

天气：

江苏民谚“楼梯云，晒破盆”，指的是规则排布的波状高积云往往是晴天的预兆。

▲波状高积云的边缘形如“触手”般的条纹。

区别：

与波状卷积云相比，波状高积云云块中等大小，边缘清晰，高度较低，而波状卷积云云块更小，边缘不清晰，周围有其他卷云存在。

波状层积云云块更厚，高度较低，而波状高积云较高，通常不会连接成大片。

从底部看去，波状高积云与絮状高积云的区别在于，絮状高积云排列凌乱无规则，而波状高积云通常排列有规律。

▲远处的波状高积云形成细密的条纹。

▲黄昏中冰激凌般的波状高积云。

▲天空中一小片波状高积云，很快即变换形状。

▲由底部看到的波状高积云排列整齐。

辐辏状高积云

别名：车轮云

拉丁名称：*Altocumulus radiatus*（亚种）缩写*Ac ra*

所属类群：国际分类中云族，高积云属

形态特征：

出现在高度为2 500～4 500 m的大气层中。

云体呈条形，较薄，整齐并排排列，由于透视效应在地平线处汇聚成一点，呈辐辏状。

区别：

与辐辏状层积云相比，辐辏状高积云高度较高，云体较薄，通常不连接成大片。

▲清晨时出现的辐辏状高积云，被朝阳染成红褐色。

▲辐辏状高积云云体所“指向”的方向，即是整个云体的运动方向。

▲日落后的辐辏状高积云，较低部分已变为灰色，较高部分仍旧带有红色。

▲可通过云体的阴影，看出辐辏状高积云的“辐辏”方向。

▲黑色的下垂结构（左上部）勾连成网状，即为网状高积云。

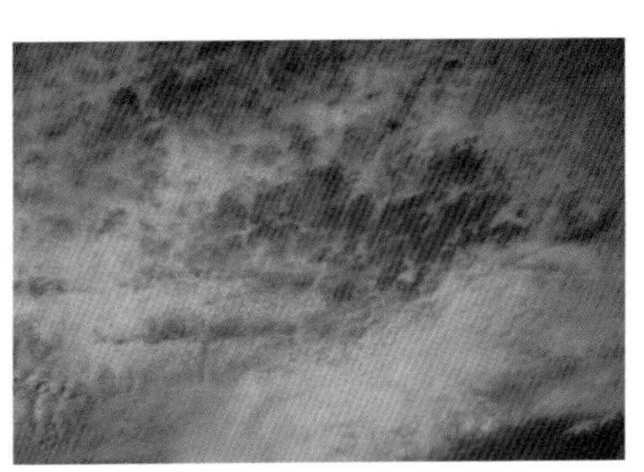

▲网状高积云中出现的典型孔洞结构。

网状高积云

拉丁名称：

Altocumulus lacunosus（亚种）缩写*Ac la*

所属类群：国际分类中云族，高积云属

形态特征：

出现在高度为2 500～4 500 m的大气层中。

云体较薄，具有多孔状特征。

区别：

与网状卷积云相比，网状高积云云体较厚，高度较低，而网状卷积云多呈丝状。

复高积云

拉丁名称：*Altocumulus duplicatus*（亚种）缩写*Ac du*

所属类群：国际分类中云族，高积云属

形态特征：

出现在高度为2 500～4 500 m的大气层中。

由两层或多层高积云组成，云底位于不同高度，云体较薄。

区别：

与复层积云相比，复高积云的云体较薄，高度更高。

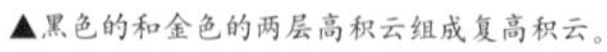

▲黑色的和金色的两层高积云组成复高积云。

▲复高积云的云块大小不同，可以作为不同高度的判断依据。

▲多层高积云组成的复高积云，出现在冷锋过境后。

▲傍晚时分，复高积云的不同层所处高度不同，具有不同颜色。

▲傍晚的漏光高积云有立体感的阴影。

漏光高积云

别名：鲤鱼斑、老龙斑

拉丁名称：*Altocumulus perlucidus*（亚种）缩写*Ac pe*

所属类群：国际分类中云族，高积云属

形态特征：

出现在高度为2 500～4 500 m的大气层中。

云体由较大云块不规则排列而成，云块间贴靠较紧密，有裂缝，隙间可见蓝天。

天气：

陕西民谚“瓷瓦云，晒死人”，河北民谚“瓦片云，晴三晨”，指的都是晴天出现的漏光高积云群。一般来说漏光高积云是晴天的标志，类似民谚还有“天上鲤鱼斑，明朝谷晒不用翻”，鲤鱼斑指的是大块的漏光高积云。

区别：

与透光高积云的区别在于，漏光高积云透过云隙可见蓝天，而透光高积云的云隙是白色的较薄云层。

▲冷空气过境后，漏光高积云出现，预示着天气将好转。

▲天色较暗时，漏光高积云的缝隙中也能看到深蓝色的天空。

▲漏光高积云的缝隙中可看见蓝天。

透光高积云

别名：鲤鱼斑、老龙斑

拉丁名称：*Altocumulus translucidus*（亚种）缩写*Ac tr*

所属类群：国际分类中云族，高积云属

形态特征：

出现在高度为2 500～4 500 m的大气层中。

云体由较大云块不规则排列而成，云体呈灰色，云块间紧密，云隙间为白色。

天气：

贵州民谚“昏昏云有雨，斑斑云要晴”，指的是阴雨天后出现透光高积云，往往是云消散后天晴的预兆。类似民谚还有“天起麒麟壳，有雨不得落”“要得天色落，起了乌龟壳”，其中“麒麟壳”和“乌龟壳”都是指不同形态的透光高积云。

区别：

与漏光高积云的区别在于，漏光高积云透过云隙可见蓝天，而透光高积云的云隙是白色的较薄云层。

▲透光高积云的灰色斑块。

▲较厚的透光高积云（中上部）出现在层积云云层上端。

▲透光高积云的云块缝隙中通常为较薄云层。

▲透光高积云可产生明显的“日华”效应。

蔽光高积云

拉丁名称：*Altocumulus opacus*（亚种）缩写*Ac op*

所属类群：国际分类中云族，高积云属

形态特征：

出现在高度为2 500～4 500 m的大气层中。

云体厚而呈灰黑色，不透光。

区别：

与蔽光层积云相比，蔽光高积云的高度较高，不会在视觉上产生压迫感。

▲蔽光高积云的云层下看不到阳光。

▲黄昏时出现小块的悬球状高积云。

悬球状高积云

别名：悬球云、乳房云

拉丁名称：*Altocumulus mamma*（特殊形态）缩写*Ac mam*

所属类群：国际分类中云族，高积云属

形态特征：

母体云出现在高度为2 500～4 500 m的大气层中。

高积云的云体底部出现半球形结构，边缘光滑。

半球形结构较小，透过半球形结构的间隙可见天空。

区别：

与悬球状层积云相比，悬球状高积云的球状结构较小，高度较高。

与悬球状高层云相比，悬球状高积云依然是独立的云块，透过间隙可见天空。

▲透过悬球状高积云的间隙依然可以看到天空。

幡状高积云

别名：水母云、胡子云

拉丁名称：*Altocumulus virga*（特殊形态）缩写*Ac vir*

所属类群：国际分类中云族，高积云属

形态特征：

母体云出现在高度为2 500～4 500 m的大气层中。

高积云的云体底部有下垂丝状结构，主要由冰晶和液滴组成。

丝状下垂有时因高空风而倾斜，也有时垂直。在地面上观察，下垂丝多呈白色或灰色。

天气：

若在地面上观察到幡状高积云，尤其在我国北方及内陆地区，通常表示空气较为干燥，近期不易产生降水。

区别：

与幡状卷积云容易混淆：幡状卷积云的高度更高，母体云常为密卷云，且周围有卷云系统相伴，遮蔽大部分天空；幡状高积云通常较为独立地存在。

▲在飞机上看到的灰色幡状高积云。

▲幡状高积云较垂直的幡，其母体云已近乎消散。

积云性高积云

拉丁名称：*Altocumulus cumulogenitus*（种）缩写*Ac cug*

所属类群：国际分类中云族，高积云属

备注：在一些分类体系中，不存在积云性高积云，但在《中国云图》的分类系统中存在。

形态特征：

出现在高度为2 500～4 500 m的大气层中。

由积云向上发展，水平衍生后形成的高积云。

可以从云的形态看出一些积云的特性。

区别：

积云性高积云是从云形成的角度进行的分类，与其他种类的高积云相比，积云性高积云由积云发展而来，需结合云的变化加以判断。

▲下方的积云向上发展后水平铺开，形成一大片高积云，即为积云性高积云。

第八部分 卷 云

毛卷云

拉丁名称：*Cirrus fibratus*（种）缩写*Ci fib*

所属类群：国际分类高云族，卷云属

形态特征：

出现高度为4 500～10 000 m。

云体如薄纱，有时有丝绸光泽，有发丝状、纤维状结构，有时有弯曲。

天气：

湖南民谚“游丝天外飞，久晴便可期”，指的是毛卷云在稳定不变厚的情况下，预示着晴天。北京民谚“丝云连三天，必有风雨现”、江西民谚“日落鸡毛云，半夜三更听雨声”，指的是高空的毛卷云先于冷锋到达，因此预示着风雨。

区别：

与钩卷云的区别在于，钩卷云头端有较为浓密的钩或者小云团，毛卷云则没有此特征。

▲毛卷云具有较整齐的丝毛，同时云体很薄。

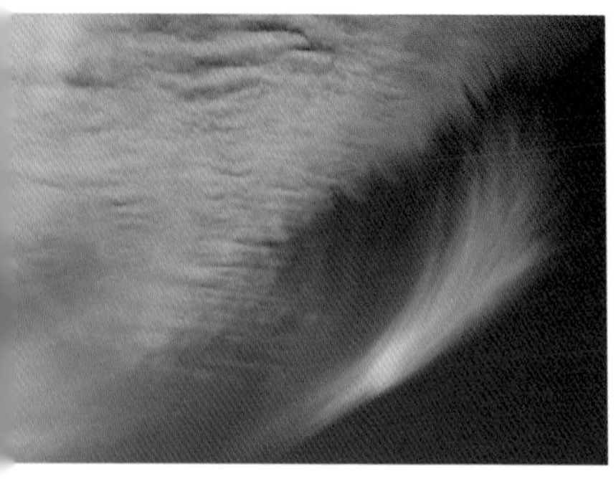

▲羽毛般的毛卷云，在云体中产生了“幻日”现象。

▲丝缕状结构是毛卷云最主要的特征。

▲毛卷云并未大量铺满天空，则说明短时间内天气不产生剧烈变化。

钩卷云

拉丁名称：*Cirrus uncinus*（种）缩写*Ci unc*

所属类群：国际分类高云族，卷云属

形态特征：

出现高度为4 500～10 000 m。

丝缕状结构，从侧面观察，云体一端有钩状结构或形如逗号的结构。

从下方观察云体一端有小云团存在，小团云上并无浑圆突起的结构。

天气：

山东民谚“云钩午后排，大风刮起来”，浙江民谚“钩钩云，雨淋人”，指的是冷空气到来前高空中出现的钩卷云；北京民谚“南钩风，北钩雨”，钩卷云的方向显示了高空气流的走向。

▲黎明时出现的钩卷云，其先端的“钩子”结构正在形成。

▲一簇钩卷云出现，往往预示着冷空气即将来临。

▲钩卷云有时长短粗细不同。

▲钩卷云的“钩子”结构是由不同的高度风力不同而造成的。

▲风筝状的密卷云，其形状是因高空气流所致。

密卷云

别名：厚卷云

拉丁名称：*Cirrus spissatus*（种）缩写*Ci spi*

所属类群：国际分类高云族，卷云属

形态特征：

出现高度为4 500～10 000 m。

浓密的卷云团体，常成块状聚集。

有一定光学厚度，在太阳周围时呈灰色团块状。

边缘有纤维、头发般的丝毛结构。

▲密卷云聚集成块，边缘呈丝毛状。

区别：

与伪卷云的区分在于成因的差异：伪卷云为消散的积雨云顶部，密卷云与积雨云无关联而独立存在。

▲小块的密卷云形态通常多变。

▲成群出现的密卷云，常会覆盖住大部分天空。

▲密卷云高度较高，常出现在积云上方。

▲堡状卷云的云顶具有向上的锯齿状突起。

堡状卷云

▲堡状卷云的云底相对较平坦，云体带有纤维状结构。

拉丁名称：

Cirrus castellanus（种）缩写*Ci cas*

所属类群：国际分类高云族，卷云属

形态特征：

出现高度为4 500～10 000 m。

小云块，云体有纤维状结构，云底较为平坦，云顶有锯齿状突起。

区别：

与堡状高积云相比，堡状卷云具有明显的纤维状结构，由于云体较高，从地面上观察，云顶的锯齿状突起较小，有时不甚明显。

絮状卷云

拉丁名称：*Cirrus floccus*（种）缩写*Ci flo*
所属类群：国际分类高云族，卷云属
形态特征：
出现高度为4 500～10 000 m。
云体为丝毛状蓬松团块，边缘不清晰，团块相对独立。
区别：
与毛卷云相比，絮状卷云可观察到蓬松的团块状结构。

▲絮状卷云由不规则的小毛簇构成。

▲虽然具有丝毛状结构，但絮状卷云的边缘不甚清晰。

▲彼此分离而较小的毛团，是絮状卷云的特征。

乱卷云

拉丁名称：*Cirrus intortus*（亚种）缩写*Ci in*

所属类群：国际分类高云族，卷云属

形态特征：

出现高度为4 500～10 000 m。

云体纤维状、丝毛状，强烈扭曲且不规则，看起来杂乱无章。

区别：

与钩卷云的区别在于，钩卷云整体规则，一端带有钩状结构，乱卷云向不同方向弯曲剧烈。

▲乱卷云向不同方向弯曲，看起来杂乱无章。

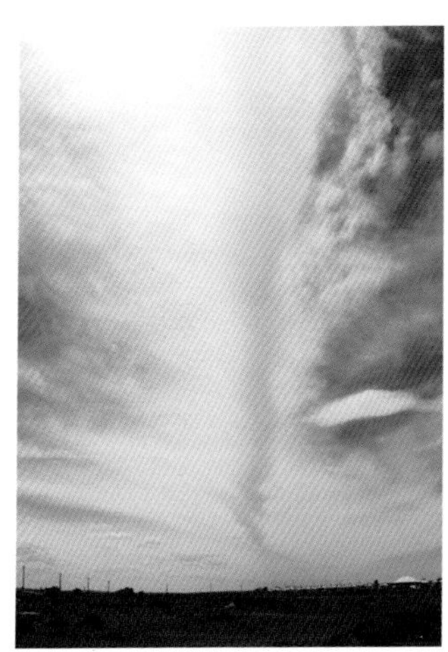

▲羽翎卷云中间为粗大的条状“脊梁”。

▲羽翎卷云条状结构的一侧具有排列整齐的纤维状云丝，形如梳子。

羽翎卷云

别名：鱼骨云、羽毛云、脊状卷云

拉丁名称：*Cirrus vertebratus*（亚种）缩写*Ci ve*

所属类群：国际分类高云族，卷云属

形态特征：

出现高度为4 500～10 000 m。

云体纤维状、丝毛状，中间或一侧有浓密条状结构，云丝向两边或单边扩散，呈鱼骨状、脊椎状、梳子状或羽翎状。

天气：

四川民谚“天上有云像羽毛，地下风狂雨又暴”，指羽翎卷云出现，其后可能产生降水。

区别：

羽翎状是卷云特有的类型，易与其他云相区分。

▲日落后呈灰褐色的辐辏状卷云。

辐辏状卷云

别名：车轮云、鲎尾云

拉丁名称：*Cirrus radiatus*（亚种）缩写*Ci ra*

所属类群：国际分类高云族，卷云属

形态特征：

出现高度为4 500～10 000 m。

丝缕状卷云聚合成条状，在天空中并排排列。由于透视效应，交汇于地平线一点。

天气：

广东民谚“鲎尾云天上现，台风把礼见”，其中鲎尾云就是辐辏状卷云，在东南沿海，辐辏状卷云有时是台风到来的先兆。广西民谚“马尾云出现，三天之内有雨见”，指的是冷空气到来前，出现辐辏状卷云。类似的还有西藏民谚“彩云条条似哈达，不过几天有雨淋”。

区别：

辐辏状卷云是最常见的一类辐辏状云，与其他辐辏状云相比，辐辏状卷云的云体薄，“辐辏”明显，带有丝缕状结构。

▲辐辏状卷云的运行方向通常是“辐辏”的指向。

▲辐辏状卷云连接成条状，边缘具有丝缕状结构。

▲车轮状的辐辏状卷云，交汇于地平线处一点。

复卷云

拉丁名称：*Cirrus duplicatus*（亚种）缩写*Ci du*

所属类群：国际分类高云类族，卷云属

形态特征：

出现高度为4 500～10 000 m。

云体呈丝缕状，厚度较薄，云底位于不同的高度。透过云层，可见不同高度的卷云相对运动。

区别：

与乱卷云的区别在于，复卷云由两层或多层卷云叠加而成，乱卷云通常仅一层。

▲高空中的卷云向不同的方向相对运动。

▲多层卷云构成较为混乱的复卷云。

▲两层卷云交错（中上部），形成复卷云。

悬球状卷云

拉丁名称：*Cirrus mamma*（特殊形态）缩写*Ci mam*

所属类群：国际分类高云族，卷云属

形态特征：

母体云出现高度为4 500～10 000 m。

卷云的底部或边缘出现光滑弧形。

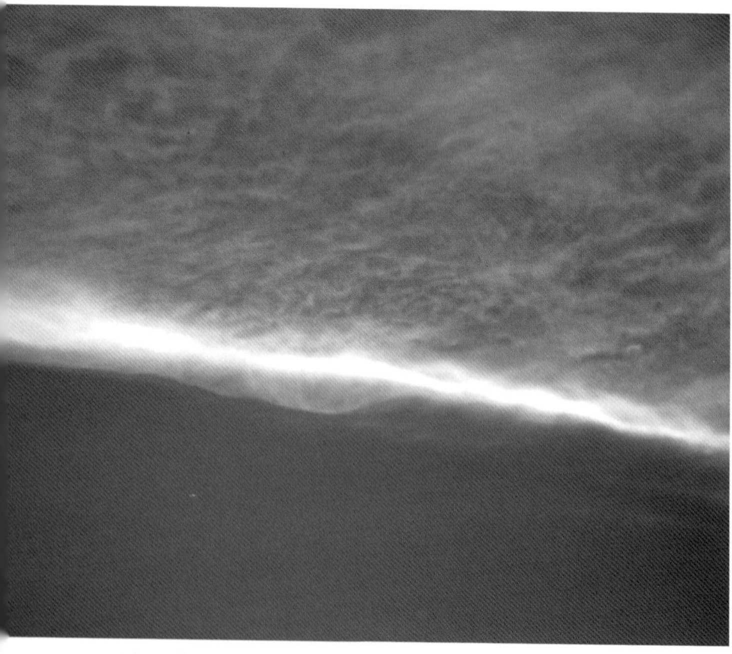

▲卷云边缘出现边缘圆滑的弧形结构，即为悬球状卷云。

伪卷云

别名：砧状卷云

拉丁名称：***Cirrus nothus***（特殊形态）缩写***Ci not***

所属类群：国际分类高云族，卷云属

备注：在一些分类体系中，不存在伪卷云，但在《中国云图》的分类系统中存在。

形态特征：

出现高度为4 500～10 000 m。

积雨云在消散后，其顶部的鬃状结构脱离云体形成的卷云。

区别：

与密卷云及其他卷云相比，伪卷云是从云形成的角度进行分类，需结合积雨云发展加以判断。

▲伪卷云是积云的顶部脱离云体后形成的，此后常会逐渐消散。

第九部分　卷层云

毛卷层云

拉丁名称：*Cirrostratus fibratus*（种）缩写*Cs fib*

所属类群：国际分类高云族，卷层云属

▲毛卷层云具有明显的纤维状丝缕结构。

形态特征：

出现高度为5 500～8 000 m。

薄纱般的层状云全天覆盖，白色半透明，具有纤维状结构。

常会伴有日晕、月晕等光学现象出现。

天气：

河南民谚“毛玻璃云有小雨”，毛玻璃云指的是毛卷层云，通常是雨层云到来前的先兆，此后会产生不甚剧烈的降雨。

区别：

与透光高层云、波状高层云相比，毛卷层云高度更高、半透明，常具有纤维状结构。

▲日出前，毛卷层云显出条状纹理。

▲天空中出现彩色的“22度日晕”，看不到云却能看到蓝天，即为典型的薄幕卷层云。

薄幕卷层云

▲薄幕卷层云如轻纱般笼罩天空。

拉丁名称：

Cirrostratus nebulosus（种）缩写*Cs neb*

所属类群：国际分类高云族，卷层云属

形态特征：

出现高度为5 500～8 000 m。

几乎看不到云层存在，没有纹理结构，几近透明，可见蓝天。

伴有明显的日晕、月晕等光学现象。

天气：

民谚“日晕三更雨，月晕午时风”，是指薄幕卷层云出现时，伴有日晕或月晕光学现象，此后天气可能发生变化，出现风雨。

区别：

虽然薄幕层云也会产生光学现象，但仅有“日华”效应，不会出现日晕。

波状卷层云

别名：波浪云

拉丁名称：

Cirrostratus undulatus（亚种）缩写*Cs un*

所属类群：国际分类高云族，卷层云属

形态特征：

出现高度为5 500～8 000 m。

遍布天空的卷层云白色半透明状，云底呈波浪状。

常伴有日晕、月晕等光学现象。

天气：

内蒙古民谚“满天水上波，有雨跑不脱”，指的是在冷空气到来前出现波状卷层云。

区别：

与波状卷积云有些类似，但波状卷积云有明显团块，而波状卷层云没有。

▲傍晚和清晨，波状卷层云的纹路比较显著。

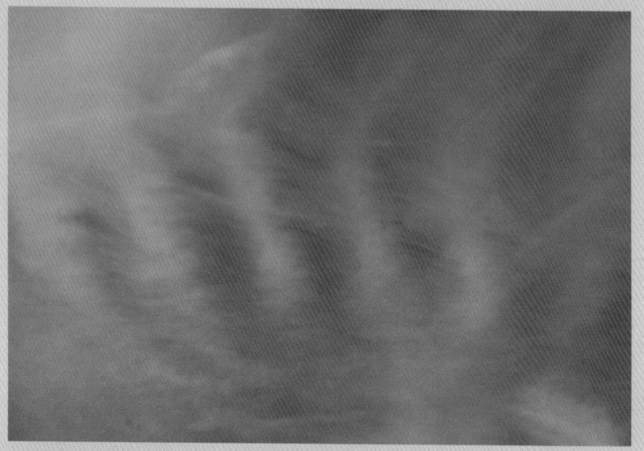

▲波状卷层云为浅淡的波浪状。

▲波状卷层云中可见隐约的纹路。

复卷层云

拉丁名称：

Cirrostratus duplicatus（亚种）缩写*Cs du*

所属类群：

国际分类高云族，卷层云属

形态特征：

出现高度为5 500～8 000 m。

多层卷层云同时出现，由于高度不同，呈现不同色泽、纹路。

区别：

与复卷云相比，没有明显的丝缕状结构，而是在接连成片的基础上出现花纹般的纹理。

▲不同颜色的薄云层，出现无规则的纹理，即为复卷层云。

第十部分　卷积云

堡状卷积云

拉丁名称：*Cirrocumulus castellanus*（种）缩写*Cc cas*

所属类群：国际分类高云族，卷积云属

形态特征：

出现高度为4 500～8 000 m。

云体为规则小团块，从侧面观察可发现这些小团块底部较平，顶部锯齿状突起。

区别：

与堡状卷云相比，堡状卷积云具有明显小团块，而堡状卷云的云底较平坦。

▲从侧面观察时因距离较远，堡状卷积云上的突起显得极小。

▲小团块底部平坦，顶部具小锯齿状，即为堡状卷积云。

絮状卷积云

别名：鱼鳞云、鱼鳞天、鲭鱼天

拉丁名称：*Cirrocumulus floccus*（种）缩写*Cc flo*

所属类群：国际分类高云族，卷积云属

形态特征：

出现高度为4 500～8 000 m。

云体呈小团块状，边缘不很清晰，云底略参差不齐，不规则排列，如同细鱼鳞。

▲絮状卷积云布满天空。

天气：

河北民谚“鱼鳞天，不雨也风颠”、四川民谚“小鱼鳞天不过五”指的是在冷空气到来前，细碎的絮状卷积云布满天空，台湾等地又称之为“鲭鱼天”。

区别：

与漏光高积云、透光高积云形态类似，但团块小得多（絮状卷积云团块与缝隙的宽度相似，而上述两种高积云团块远远大于缝隙的宽度），且周围、边缘往往有卷云相伴。

▲早晨出现的小片絮状卷积云。

▲絮状卷积云（上部、右侧）周围往往有卷云共同出现。

成层状卷积云

别名：鱼鳞云

拉丁名称：*Cirrocumulus stratiformis*（种）缩写*Cc str*

所属类群：国际分类高云族，卷积云属

形态特征：

出现高度为4 500～8 000 m。

许多卷积云小团块互相连接或紧密排列，形成层状结构。

区别：

与卷层云的区别在于，卷积云成层后依然可分辨出团块，且成层后依然有边界。

▲卷积云接连成片，即为成层状卷积云。

▲日落时的荚状卷积云常带有红、黄色。

荚状卷积云

别名：飞碟云

拉丁名称：*Cirrocumulus lenticularis*（种）缩写*Cc len*

所属类群：国际分类高云族，卷积云属

形态特征：

出现高度为4 500～8 000 m。

从侧面观看，卷积云形成光滑的绸缎状，云体薄，边缘呈弧形。

从下面观看，云体半透明，呈卵圆形或圆弧形。

区别：

与荚状高积云相比，荚状卷积云云体薄，半透明，且周围有卷云、

▲由侧面看去，荚状卷积云的云体极薄。

▲在高原地区，由下部看到荚状卷积云的边缘为轻薄的纱状，边缘弧形。

▲荚状卷积云（上部）较薄，出现在荚状高积云上方。

▲形态各异的荚状卷积云同时出现。

▲波状卷积云的波纹有时并不清晰。

波状卷积云

▲波状卷积云出现在荚状卷积云的边缘。

别名：鲭鱼天

拉丁名称：

Cirrocumulus undulatus（亚种）缩写*Cc un*

所属类群：国际分类高云族，卷积云属

形态特征：

出现高度为4 500～8 000 m。

卷积云团块规则排列成波浪状或条状。

波浪状结构或稀疏或紧密，有时二者同时存在。

区别：

与波状高积云相比，波状卷积云条纹细、团块小，高度也较高。

▲波纹相互交错的波状卷积云。

▲形同水波的波状卷积云形成细密规则的纹理。

网状卷积云

别名：渔网云

拉丁名称：*Cirrocumulus lacunosus*（亚种）缩写*Cc la*

所属类群：国际分类高云族，卷积云属

形态特征：

出现高度为4 500～8 000 m。

卷积云呈丝状，勾结出线网状结构或蜂窝状结构。

天气：

广东民谚“云乱如麻丝，风雨来不细”，指网状卷积云出现时，可能出现天气变化。

区别：

与其他网状云相比，网状卷积云云体薄而透明，中间的孔洞可见蓝天。

▲网状卷积云布满天空。

▲充满孔洞的网状卷积云。

▲在卷云中出现的网状卷积云。

悬球状卷积云

别名：乳房云、悬球云、梨状云
拉丁名称：*Cirrocumulus mamma*（特殊形态）缩写*Cc mam*
所属类群：国际分类高云族，卷积云属
形态特征：
母体云出现高度为4 500～8 000 m。
呈半透明小团块，半球形，下边缘清晰而光滑。
区别：
与悬球状高积云相似，但悬球状卷积云云块更小，周围有卷云相伴。

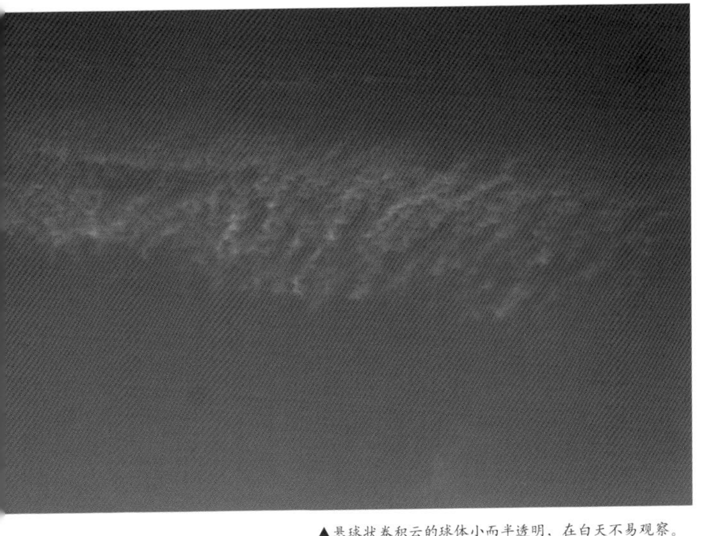

▲悬球状卷积云的球体小而半透明，在白天不易观察。

▲傍晚出现的悬球状卷积云。

▲清晨的幡状卷积云，如同红黑相间的水母一般。

幡状卷积云

别名：水母云、胡子云

拉丁名称：*Cirrocumulus virga*（特殊形态）缩写*Cc vir*

所属类群：国际分类高云族，卷积云属

形态特征：

出现高度为4 500～8 000 m。

云体下垂为丝状结构，因高空风强烈，被吹向一侧。

区别：

与幡状高积云有些类似：幡状高积云母体云为高积云，团块大而清晰；幡状卷积云母体云为卷积云，有一定丝缕结构，团块不清晰。

第十一部分　特殊的云

云　街

种类或类群：积云

形态特征：

积云云块整齐排列，形成队列状。

通常在海面上出现。

区别：

与波状云不同，云街是积云因对流尺度近似，整齐排列而成，并非因大气波动产生。

▲独立出现的一条云街，乘飞机经过海面时较易见到。

▲层云云海的云层呈乳浆状，高度较低。

云 海

所属种类或类群：层云、层积云、高积云

形态特征：

在山地看到的景观，云层沉于某一高度下形成云海。

根据高度不同，有层云云海、层积云云海、高积云云海三类。

天气：

若云海上方无其他较厚云层，日出后通常云海会渐渐消散。

区别：

层云云海特点为云层呈乳浆状，没有明显的块状形态，在几百米高的山上也有可能见到。

层积云云海的云有明显边界，云层厚，在海拔2 000 m以上的高山上多见。

高积云云海的云体较薄，在海拔5 000 m以上的高山上有机会见到。

▲层积云云海的云层较厚，边界抵达山体一侧。

云 洞

所属种类或类群：高积云

形态特征：

在高积云云层中出现的洞状结构，因冰晶凝结下落而形成的空洞。有时会有幡状结构存在，是云洞中冰晶下落产生的。

区别：

荚状高积云有时也会连接成空洞状，但洞的边缘光滑，没有幡状结构。

▲高积云层中出现的空洞即为云洞。

山缠腰

所属种类或类群：层云

形态特征：

在山腰间出现的白色或灰白色云带，其本质为层云。

多在山区清晨时出现，靠近河湖或海边更易产生。

天气：

东北地区民谚“大砬子山缠腰，大雨滔滔”，是指出现山缠腰现象后，可能产生降水。靠近河湖或海边的山间，清晨出现山缠腰的几率较大，但这种情况下并不一定预示着降水。

▲海上黄昏时出现的山缠腰现象。

▲靠近河流附近的空气在夜间水分过饱和，沿山坡爬升，形成山缠腰。

▲清晨出现的山缠腰现象，所谓的“腰带”实际是由层云构成的。

旗 云

所属种类或类群：地形云

形态特征：

出现在高海拔孤立山峰顶端的云。

云体偏向山峰一侧，如旗帜状，因此名为旗云。

天气：

高海拔山峰出现旗云时，通常在山顶有大风，旗云延展的方向为顺风方向，可根据旗云的厚度、方向作为登山时判断天气和风向的依据。

▲珠穆朗玛峰的一侧出现的旗云。

▲在飞机上更容易观赏到云瀑景观。

云 瀑

所属种类或类群：地形云

形态特征：

山地云体经过山脊后下降，形成的瀑布造型。

所属种类常见为层积云或高积云。

若云瀑未能翻越山脊，则在山脊另一端构成云海。

天气：

若形成云瀑，山峰或山脊处往往有强风。

▲在沿海地区，因海风而形成的山戴帽现象。

山戴帽

所属种类或类群：地形云，荚状云

形态特征：

在孤立的山峰顶端出现斗笠状云体。

云体中间厚，边缘薄而光滑，与荚状云相同。

有时会出现多层结构，亦会出现波状结构。

天气：

民谚“山戴帽，大雨到”，指山区若出现山戴帽现象，有可能产生降雨。但沿海地区因海风之故，也有可能出现山戴帽现象，通常这种情况下，并不一定伴随剧烈的天气变化。

▲高原地区出现山戴帽现象的几率更大。

▲山顶斗笠形的荚状云，已在风的作用下开始消散。

马蹄云

所属种类或类群：积云

形态特征：

在积云下方或者中间出现的半圆形马蹄状云，云体较为光滑。

因横向旋涡气流向上运动而形成，马蹄开口向下，云体向上运动，出现时间仅为数十秒，此后即消散。

区别：

碎积云在一定条件下也会因风吹成半圆形，但马蹄云开口向下，且具有一定厚度，云体向上方运动。

▲在阴雨时远处出现的马蹄云。

▲黄昏时突然同时出现的两个马蹄云。

▲在云层中出现的马蹄云，若不仔细观察，很快就会消散。

开尔文–亥姆霍兹波

所属种类或类群：多种云均可产生

形态特征：

在云的边界处出现卷曲的浪花形波动。

此现象由于边界层不稳定性产生，可在层云、层积云、高积云、卷积云等云体上出现。

区别：

容易与波状云相混淆：普通的波状云因重力波形成，云体或云底出现波纹；开尔文–亥姆霍兹波则因边界层不稳定形成，主要出现在云的顶端边缘处。

▲卷云上出现的开尔文–亥姆霍兹波，卷曲的浪花形结构明显。

▲积云上出现的开尔文–亥姆霍兹波，云体较厚。

▲在飞机上观察到的远处的开尔文–亥姆霍兹波（图片上部）。

▲在山地中出现的开尔文–亥姆霍兹波。

卡门涡街

所属种类或类群：多种云均可产生

形态特征：

流体受到扰动出现的旋涡队列。

大尺度的云结构，在人造地球卫星上容易观测到。

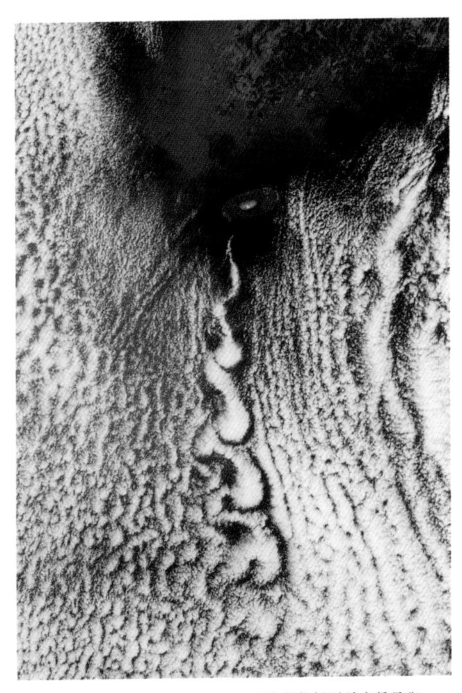

▲卫星拍摄到的卡门涡街。

湖 云

所属种类或类群：层云

形态特征：

湖面或海面上出现的雾状云块，高度紧贴水面。

湖云为湖面水汽形成，其本质为层云，多在清晨出现。

▲清晨湖面上出现的层云，即为湖云。

▲长条形的滚轴云高度极低，仿佛触手可及。

滚轴云

所属种类或类群：积云、积雨云

形态特征：

高度非常低的长条状云，呈柱状，边缘清晰，与周围的云没有明显联系。

滚轴云是弧状云的一种特殊形式，为弧状云脱离云体而形成。

区别：

与弧状云的区别在于，滚轴云不与其他云有明显联系，而弧状云是积云或积雨云的一个部分，与母体云有明显的连接。

糙面云

别名：波涛云

所属种类或类群：新亚种（拉丁名为*Asperatus*）

形态特征：

云体较为密集，云底边界清晰。

云底纹路复杂，有波状的特点；云的纹路边缘光滑，有荚状云的特点。

整体看上去粗糙不平。

区别：

与波状云相比，纹路更为明确、光滑。

▲城市中出现的糙面云给人强烈的压抑感。（摄影/计云）

▲糙面云纹路的细节，可看出边缘较光滑，与荚状云类似。

▲天空出现类似糙面云的结构，纹路变化无规则。

▲混乱天空高积云出现时，可以找到多种类型、高度的高积云，同时有卷云和积云存在。

混乱天空

▲卷云和两种高积云同时存在，并非混乱天空高积云。

所属种类或类群：

高积云的一种情况

形态特征：

高积云至少在3个高度上存在。

存在堡状、幡状、纺锤状、荚状、鱼鳞状等形态的高积云。

同时伴有卷云、积云存在。

天气：

混乱天空高积云通常预示着天空中存在混乱的气流，并有可能随之产生降水等剧烈的天气现象，民谚“乱云天顶绞，风雨来不少”即指这种状况。

区别：

多种云同时存在时，用以上3点可以界定出混乱天空高积云，但少数形态的高积云与卷云、积云等同时出现，或出现高度相似，均不构成混乱天空高积云。

▲不同形态的积云、层积云、高层云、高积云共同出现，并非混乱天空高积云。

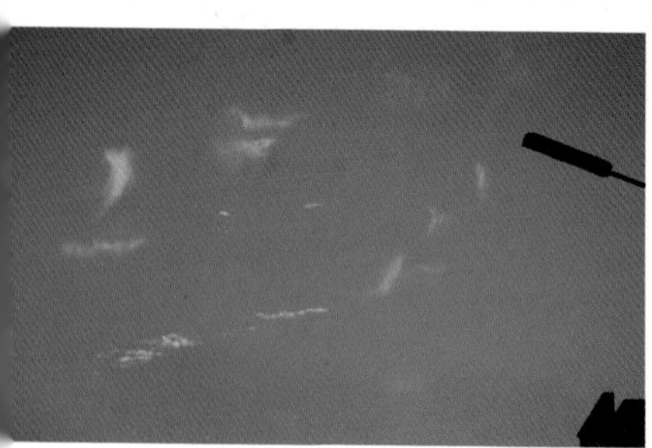

▲多种形态的卷云存在，并非混乱天空高积云。

▲积云和荚状高积云同时存在，并非混乱天空高积云。

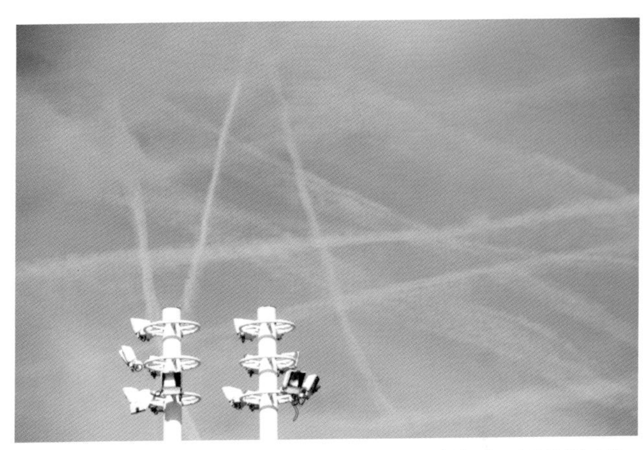

▲机场上空横七竖八布满了飞机余迹。

航迹云

所属种类或类群：卷积云

形态特征：

航迹云一般出现在卷云或卷积云所在的高度，是飞机喷出的水汽凝结而成。

▲飞机穿过云层之后，在云层中留下长条的缝隙，也属于航迹云的一种。

多呈条形，随高空风有所扭曲，有时会产生乳状、羽翎状、荚状等变化。

有时在高积云云层中出现的细长缝隙也是一种航迹云。

区别：

荚状高积云在侧面观察时会呈条状，其特征为边缘光滑，云体较厚，航迹云边缘常呈小球形或纤维状。

辐辏状卷云或辐辏状卷积云也呈条状，其特征为多个云条并排排列，航迹云除单独出现外，云体整体看去也较纤细。

▲航迹云细看时，常可发现形成悬球状结构。

▲由于存在高空风，航迹云在靠近下部处弯折，呈“书名号”状。

▲高空气流强烈时，航迹云被吹为宽大的条形。

贝母云

所属种类或类群：贝母云（特殊种类）

形态特征：

位于20 000 m以上高空的冰晶云，多出现在寒冷的高纬度地区。

贝母云在夜晚会反射太阳光，并因干涉现象而出现漂亮的虹彩色，酷似贝壳内壁，故称为贝母云。

区别：

贝母云外形有些类似荚状卷积云，在位置恰当的阳光照射下，荚状卷积云也会出现虹彩色，但这种情况只发生在白天，而贝母云的虹彩色可出现在日落后。

▲绚丽的贝母云通常出现在极地。

夜光云

所属种类或类群：夜光云（特殊种类）

形态特征：

位于40 000 m以上高空的云，多出现在中高纬度地区。

入夜后可见夜空网纱般的云，发出蓝白色的光，即使天空全黑也可以看见。

区别：

夜光云有些形似卷云，但卷云在日落后不久就变成黑色，夜光云则入夜后依然可见。

▲夜晚依然明亮的夜光云。

第十二部分 大气发光现象

曙暮光条

别名：耶稣光、光绳、青白路

形态特征：

阳光透过避光云层中的缝隙或边缘后，出现的光柱现象。

主要有3种形态：一种为阳光通过云隙形成向下的光柱；一种是云块遮挡太阳后出现的放射状纹路；一种为太阳落山时通过云层后向上发射的光条。

一般出现在空气通透、有云的天气状况下，多出现在清晨或傍晚。

天气：

在清晨或傍晚出现曙暮光条，一般是好天气的预兆。

类似现象：

反曙暮光条：曙暮光条的光柱汇集于太阳；与曙暮光条相反，反曙暮光条的光柱汇集于远离太阳的方向，实际上是透视原因造成的。

云影：在天空晴朗少云时，太阳光被云遮挡后形成的暗条。

山影：在太阳落山时，太阳光被山尖遮挡形成的暗条。

▲漏光层积云形成的曙暮光条。

▲曙暮光条通过云的间隙形成，形如扇形薄幕。

▲发散状的曙暮光条。

▲乌云下的曙暮光条，亦被称为“上帝之指”。

▲云影与曙暮光条相似，但为暗色。

虹

别名：彩虹、七色虹

形态特征：

当太阳照射到下落的雨滴时，在顺光的方向上可见圆弧形彩色光带，为水滴折射阳光形成，通常可见七色（外红内蓝）。

虹的大小、高度取决于太阳的高度：若太阳高度高，则彩色光带弧线低平；若太阳高度低，则彩色光带近似半圆环。

天气：

虹的出现一般是夏季雷雨将停的征兆。

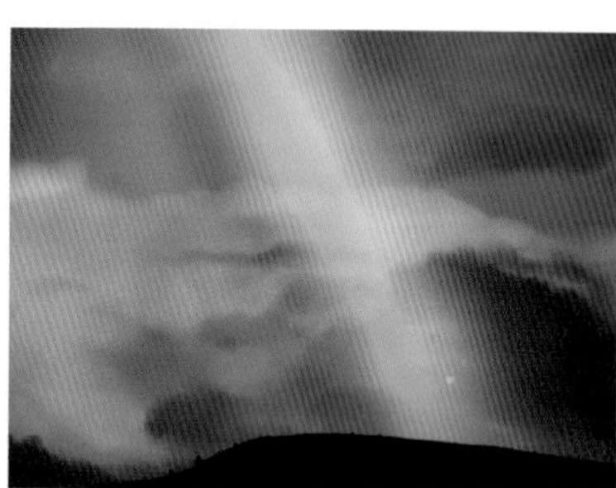

▲色彩鲜艳的彩虹直通地面。

类似现象：

霓：在虹之外侧出现的另一条彩色光带，相对暗淡，色序与虹相反（内红外蓝）。

干涉虹：在虹的内侧紧靠虹的部分出现细细的彩色条纹。

反射虹：在湖面或海面上，虹周围出现另一道形状与之互补的虹，由水面反射所致。

绞扭虹：在虹的某个部分出现曲率变化、分叉的现象，是由于折射形成的水滴形状并非球体所致。

雾虹：也叫白虹，是在云或雾气中出现的一种虹，主体白色。

月虹：因月光而形成的虹，颜色一般并不如太阳形成虹那般鲜艳。

红虹：红色的虹，在日落时由于空气或云将阳光蓝色部分散射，因而阳光中主要是红黄色光，由此形成的虹也缺失蓝紫色。

▲彩虹如拱桥般立于地面，以观察者而言，面向彩虹即背向太阳。（摄影/牛洋）

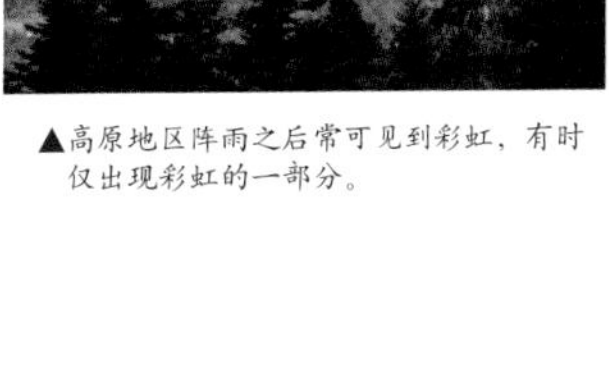

▲高原地区阵雨之后常可见到彩虹，有时仅出现彩虹的一部分。

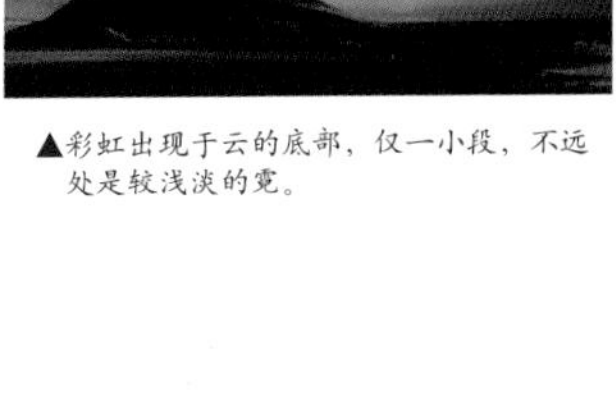

▲彩虹出现于云的底部，仅一小段，不远处是较浅淡的霓。

华

别名：华盖

形态特征：

在太阳或月亮被薄云遮挡时，在日月周围形成圆形或者近圆形的彩色同心环。

华是由于云中的冰晶或液滴的干涉作用形成。

华的颜色通常为白色、黄色、褐色、淡蓝色等，以单层华为例，通常蓝色在内部、红色在外部（外红内蓝）。

多层同心状的彩色华环较为罕见。

天气：

日月华的出现一般是坏天气向好天气转变的征兆。

▲卷积云形成的多层日华。

类似现象：

虹彩云：形成原理与华一致，在云边缘或者云中出现彩色油膜一样的颜色。常见形成虹彩云的云种类包括荚状云、幞状云，积云在某些情况下也会出现虹彩。贝母云的色彩也类似于华的原理。

宝光：形成原理与华和虹彩云类似，在飞机上可见阳光透射到的方向，在云层中有时会出现多彩的同心环，环中心为飞机影子。当飞机飞临荚状云、幞状云以及较为均匀的高积云时，容易看到漂亮的宝光。宝光的成因与山顶看到的佛光相似。

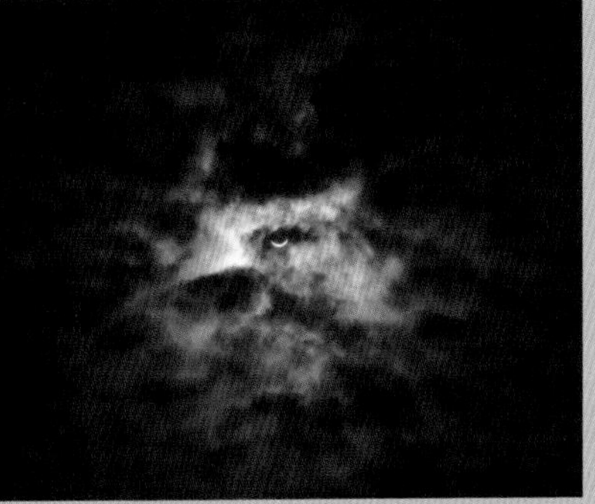

▲日偏食时太阳如新月状，透过高积云产生日华。

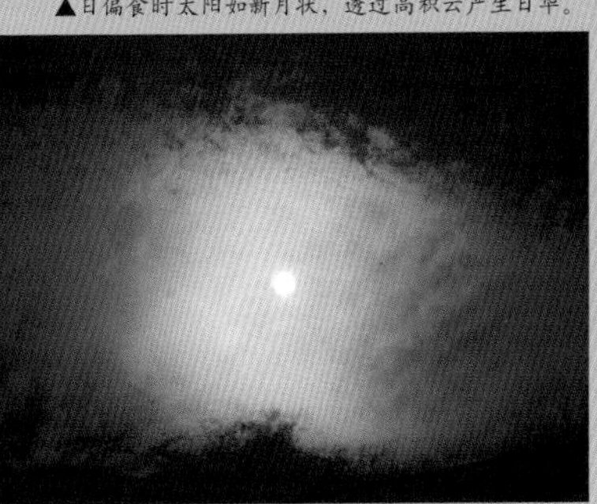

▲简单的日华通常仅红蓝两色最为显著。

▲雨后出现多层的月华，天气即渐好转。

▲高积云中产生的月华。

▲积云边缘出现的虹彩云。

▲荚状云也可出现虹彩，颜色的分布方式如同油污。

▲幞状云出现不甚明显的虹彩。

▲高积云因靠近太阳之故，部分产生了虹彩。

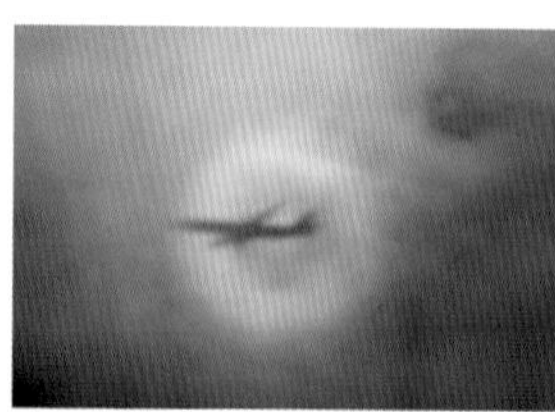

▲飞机上看到宝光时，宝光中心通常为飞机自身的阴影。

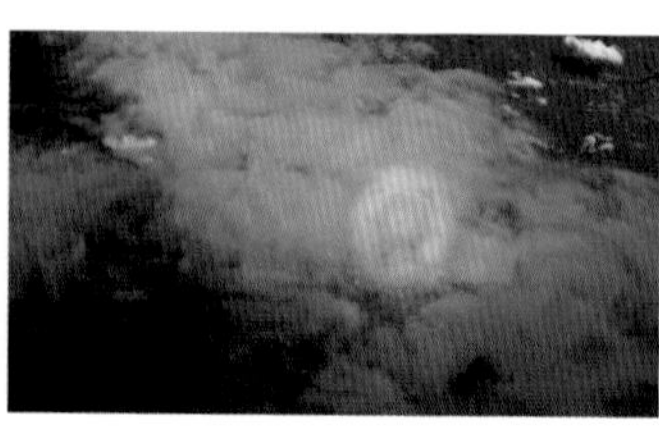

▲飞机上看到多层的宝光。

晕

别名：日枷、月枷、风圈

形态特征：

环绕太阳或月亮出现的一圈白色或彩色的光圈，具有色彩时，通常红色在内部、蓝色在外部（内红外蓝）。

通常天空中有卷层云、卷云，甚至卷积云、雪幡时，可形成晕。

晕是由于云层中的冰晶折射太阳光而形成。

最常见的晕距离太阳约为22度，因此叫作“22度晕”。

晕通常与日月之间有一定的间隔，以此可以和日华、月华相区分（华通常紧靠日月）。

天气：

民谚“日晕三更雨，月晕午时风”，即指晕的出现一般是天气变坏的征兆。

类似现象：

幻日：又称“假日”，为太阳两侧出现的光斑，通常2个，多时可达4个，在极端情况下，天空会有7个甚至更多的幻日。在太阳高度较低时幻日为彩色，形状较长，太阳高度较高后变为颜色较淡的点状。

映日：在飞机飞出云层时看到的太阳下方出现的光斑。

46度晕和上侧弧：有时在22度晕之外出现的另一圈光晕，色彩较浅淡，多为上侧弧或46度晕。

上切弧：在22度晕上方出现彩色的弧线。与22度晕相切，多在早晚出现。

环天顶弧：在天顶附近出现的半圆形彩色弧线，也是晕的一种，俗称“倒彩虹”。

环地平弧：在较低的位置上出现一条近似水平的彩色光弧，也是晕的一种，俗称“火彩虹”。

日柱和月柱：在太阳升起或落到地平面时，出现直指天空的光柱，由冰晶反射、折射形成。

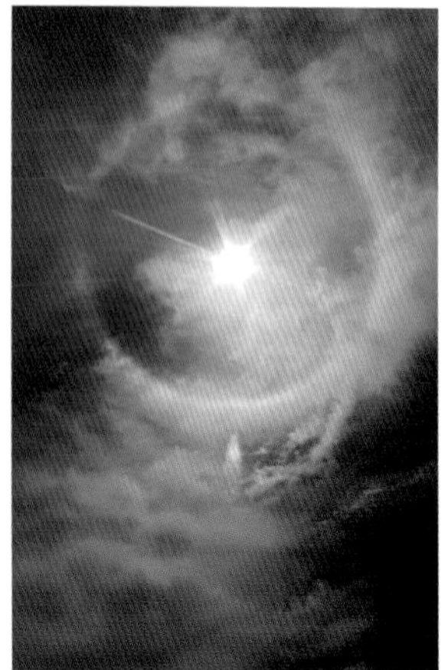

▲日晕的颜色通常是内红外蓝，可围绕太阳一圈。

▲22度日晕顶端的弧线为上切弧，太阳左侧靠近日晕的光斑为幻日。

▲月晕为夜晚围绕在月亮周围的光圈。

▲当太阳高度较低时，幻日呈现为彩色状。

▲环天顶弧有时色彩浓郁，外侧红色，内侧蓝色。

▲环天顶弧在天顶附近出现，以观察者而言，环天顶弧和太阳同侧，与彩虹相反。

▲环地平弧是近乎平坦的彩色光带。

▲日柱是太阳接近地平线时，由反射、折射而形成的光柱。（摄影/朱进）

▲在飞机上看到的太阳正下方的光斑，即为映日。

野外识别手册丛书

好　奇　心　书　系

YEWAI SHIBIE SHOUCE CONGSHU

百名生物学家以十余年之功，倾力打造出的野外观察实战工具书，帮助你简明、高效地识别大自然中的各类常见物种。问世以来在各种平台霸榜，已成为自然爱好者所依赖的经典系列口袋书。

好奇心书书系 · 野外识别手册丛书

- 常见昆虫野外识别手册
- 常见鸟类野外识别手册（第2版）
- 常见植物野外识别手册
- 常见蝴蝶野外识别手册（第2版）
- 常见蘑菇野外识别手册
- 常见蜘蛛野外识别手册（第2版）
- 常见南方野花识别手册
- 常见天牛野外识别手册
- 常见蜗牛野外识别手册
- 常见海滨动物野外识别手册
- 常见爬行动物野外识别手册
- 常见蜻蜓野外识别手册
- 常见螽斯蟋蟀野外识别手册
- 常见两栖动物野外识别手册
- 常见椿象野外识别手册
- 常见海贝野外识别手册
- 常见螳螂野外识别手册

图鉴系列

中国昆虫生态大图鉴（第2版） 张巍巍 李元胜
中国鸟类生态大图鉴 郭冬生 张正旺
中国蜘蛛生态大图鉴 张志升 王露雨
中国蜻蜓大图鉴 张浩淼
青藏高原野花大图鉴 牛 洋 王 辰 彭建生
中国蝴蝶生活史图鉴 朱建青 谷 宇 陈志兵 陈嘉霖
常见园林植物识别图鉴（第2版） 吴棣飞 尤志勉
药用植物生态图鉴 赵素云
凝固的时空——琥珀中的昆虫及其他无脊椎动物 张巍巍

野外识别手册系列

常见昆虫野外识别手册 张巍巍
常见鸟类野外识别手册（第2版） 郭冬生
常见植物野外识别手册 刘全儒 王 辰
常见蝴蝶野外识别手册 黄 灏 张巍巍
常见蘑菇野外识别手册 肖 波 范宇光
常见蜘蛛野外识别手册（第2版） 王露雨 张志升
常见南方野花识别手册 江 珊
常见天牛野外识别手册 林美英
常见蜗牛野外识别手册 吴 岷
常见海滨动物野外识别手册 刘文亮 严 莹
常见爬行动物野外识别手册 齐 硕
常见蜻蜓野外识别手册 张浩淼
常见螽斯蟋蟀野外识别手册 何祝清
常见两栖动物野外识别手册 史静耸
常见椿象野外识别手册 王建赟 陈 卓
常见海贝野外识别手册 陈志云
常见螳螂野外识别手册 吴 超

中国植物园图鉴系列

华南植物园导赏图鉴 徐晔春 龚 理 杨凤玺

自然观察手册系列

云与大气现象 张 超 王燕平 王 辰
天体与天象 朱 江
中国常见古生物化石 唐永刚 邢立达
矿物与宝石 朱 江
岩石与地貌 朱 江

好奇心单本

昆虫之美：精灵物语（第4版） 李元胜
昆虫之美：雨林秘境（第2版） 李元胜
昆虫之美：勐海寻虫记 李元胜
昆虫家谱 张巍巍
与万物同行 李元胜
旷野的诗意：李元胜博物旅行笔记 李元胜
夜色中的精灵 钟 茗 奚劲梅
蜜蜂邮花 王荫长 张巍巍 缪晓青
嘎嘎老师的昆虫观察记 林义祥（嘎嘎）
尊贵的雪花 王燕平 张 超